LES
MIGRATIONS

DES ANIMAUX

ET LE

PIGEON VOYAGEUR

PAR

ZABOROWSKI

PARIS

LIBRAIRIE GERMER BAILLIÈRE ET Cie

108, BOULEVARD SAINT-GERMAIN, 108

Au coin de la rue Hautefeuille

LES
MIGRATIONS DES ANIMAUX

ET LE

PIGEON VOYAGEUR

CHAPITRE PREMIER

LA COLOMBE DIVINE

Dans la première jeunesse, on a l'enthousiasme facile, et il est rare que chaque auteur attentivement lu ne devienne pas à son tour un maître entier. Pour nous, ce fut Lamennais, après Lamennais ce fut Rousseau, après Rousseau ce fut Michelet. Bien d'autres les ont précédés, bien d'autres ont suivi. Et la maturité venant, l'un effaçant l'autre, la communion intime du premier moment avec chacun d'eux n'a plus été qu'un lointain souvenir. Parmi tant de livres qui tour à tour ont occupé notre esprit, nous aurons l'occasion d'en relire bien peu. La plupart aujourd'hui ont perdu tout leur attrait. Le dédain n'est pas permis envers ce qui fut, si peu que ce soit, une nourriture de l'esprit. Mais il nous sera permis d'avouer que plusieurs n'éveillent maintenant en nous que les sentiments de colère d'une personne dupée.

Les livres de Michelet, et cela n'étonnera certes point, ne sont pas de ceux-là. C'est sans regret que nous nous rappelons l'admiration et l'ardeur qu'ils nous ont autrefois inspirées. Et, renouvelant cette communion intellectuelle dont nous pourrions nous vanter, nous éprouverions encore quelque douceur à nous y abandonner aujourd'hui.

C'est que Michelet, en dépit du prodigieux artifice de son style et de cette naïveté voulue qui parfois s'exagère, reste tout de même profondément vrai. Il est poète sans aller à l'envers de la réalité et sans recourir aux êtres prestigieux dont tant d'autres n'ont pas le génie de se passer. Il ne fait pas sonner le clinquant d'une métaphysique ruinée. Et, dédaignant les mensonges de convention et les illusions percées à jour, il ne cherche point en dehors de la nature et de l'homme les éléments de sa poésie. Il sait les trouver en nous-mêmes et autour de nous. Il nous touche sans nous tromper. S'il traduit avec force ses impressions, il s'informe visiblement des choses avant d'en parler. Et, pour si colorées que soient ses images, ce ne sont pas que des images. On a pu dire en un mot qu'il lui arrivera maintes fois de plaire à la jeune fille sans choquer la raison de l'homme mûr.

Il est peu d'hommes peut-être qui puissent être autant que lui facilement et utilement populaires.

Les luttes mémorables qu'il a soutenues feront à jamais l'honneur de sa vie. Et l'on ne saurait invoquer de meilleur témoin de la légitimité de nos luttes actuelles.

Il a senti tous les besoins de notre réorganisation sociale. Et la valeur pratique de quelques-uns de ses moyens est que justement ils ont comme une apparence chimérique. A l'intuition correcte de la réalité vivante qui s'impose et se déploie, il joint celle d'un vivant idéal qui nous réjouit et nous inspire.

Avec quelle sagacité, lui, l'historien des créations factices de l'homme, de l'artificiel et du convenu, il a compris que c'était dans la nature exactement observée que nous retrouverions toutes les joies des illusions disparues et que la science seule pourrait nous fournir les bases de notre renouvellement ! Avec quelle force de sympathie n'a-t-il pas lui-même étudié la vie terrible ou charmante des êtres qui nous entourent !

Cette sympathie lui a fait parfois retrouver l'expression juste et la loi vraie là où l'observation patiente n'avait que péniblement entrevu la vérité.

Son livre de l'*Oiseau* vaut à cet égard, à notre sens, mieux que bien des poèmes. Car, autant que nous puissions le prévoir, la science souveraine ne lui infligera jamais de désaveu. Nous ne pouvions manquer de le relire avant d'aborder notre sujet. Lui aussi, il nous a entretenu des migrations, et d'une façon si originale et si touchante ! Son image de l'hirondelle nous est toujours restée gravée, et tout le monde, sans doute, en le lisant, a partagé le genre d'émotion qu'il a éprouvé en voyant chaque année d'impitoyables chasseurs saisir le rossignol au passage pour le mettre à la broche.

Il n'a pas cependant été juste envers tous les oiseaux. Il a dédaigné de s'occuper de ceux qui avaient accepté le joug de l'homme [1]. Il a mis

1. Dans une *Histoire générale des pigeons*, le na-

de côté la colombe. L'histoire de cet oiseau, qui tient tant à l'histoire humaine, lui était-elle antipathique? Sa physionomie était-elle pour lui trop vulgairement connue? son symbolisme trop vivant? Quelle page charmante n'eût-il pas dû pourtant lui inspirer? Écoutons Buffon. « Tous les colombidés, dit-il, ont des qualités qui leur sont communes. L'amour de la société, l'attachement à leurs semblables, la douceur des mœurs, la chasteté, c'est-à-dire la fidélité réciproque et l'amour sans partage du mâle et de la femelle ; la propreté ; le soin de soi-même, qui suppose l'envie de plaire ; l'art de se donner des grâces, qui le suppose encore plus ; les caresses tendres, les mouvements doux, les baisers timides, qui ne deviennent intimes et pressants qu'au moment de jouir ; ce moment même ramené quelques instants après par de nouveaux désirs, de nouvelles approches également nuancées, également senties ; un feu toujours durable, un feu toujours constant, et, pour plus grand bien encore, la puissance d'y satisfaire sans cesse ; nulle humeur, nul dégoût, nulle querelle, tout le temps de la vie employé au service de l'amour et au soin de ses fruits ; toutes les fonctions pénibles également réparties ; le mâle aimant assez pour les partager et même pour se charger des soins maternels, couvant régulièrement à son tour et les œufs et les petits pour en épargner la peine à sa compagne, pour

turaliste Temminck dit des pigeons de volière : « Ce n'est qu'avec quelque *dégoût* que nous nous en occupons. On ne peut guère s'occuper de ces races *dégradées* que d'après de simples suppositions, que l'on hasarde pour la plupart. » Voilà des mots bien forts !

mettre entre elle et lui cette égalité dont dépend
le bonheur de toute liaison durable : quels mo-
dèles pour l'homme, s'il pouvait ou savait les
imiter ! »

Buffon exagère un peu. Il est bien établi que
mâle et femelle commettent parfois des infidéli-
tés à l'égard l'un de l'autre. Et puis, ce qui est si
gracieux et plaisant chez eux, cet inextinguible
amour, on n'a pas manqué de le trouver répu-
gnant (on a employé des mots plus forts), chez le
singe par exemple. Mais n'est-ce pas, il est vrai,
un don charmant de l'espèce de nous le présenter sous des couleurs si poétiques, ardent, sensuel et pourtant chaste ? Il faut l'admettre, toute
l'antiquité en a jugé ainsi. Tel a été le point de
départ de l'histoire politique et religieuse de la
colombe; telle a été la source de son symbolisme.
C'est comme oiseau de Vénus qu'elle fut surtout
répandue et sacrée.

Jupiter se transforma en colombe durant ses
amours avec une vierge nommé Phthia. C'est
aussi sous la forme d'une colombe que le Dieu
juif visite la Vierge des chrétiens.

Les Ascaloniens n'osaient ni tuer ni manger la
colombe, et ils nourrissaient toutes celles qui nais-
saient dans la ville. Il en était de même dans
toute la Syrie, où le culte de la déesse de l'amour
était en grand honneur. La même chose à peu
près a eu sans doute lieu chez les Assyriens.
Ceux-ci, en tout cas, croyaient, d'après Pausanias,
que l'âme de leur grande reine Sémiramis s'était
envolée au ciel sous la forme d'une colombe et
plaçaient l'image de celle-ci dans leurs enseignes.

Est-ce pour cette dernière raison que Jérémie
dit en parlant des ravages de Nabuchodonosor,
roi de Babylone et de Ninive : « La terre a été

désolée par la colère de la colombe ; » ou encore :
« Fuyons dans notre pays pour éviter le glaive
de la colombe ? »

Elle fut de tout temps à Jérusalem le seul oiseau ou à peu près qu'il fût permis d'immoler
aux dieux. « Le temps de la purification de Marie
étant accompli, lit-on dans saint Luc (II, 22), ils
le (Jésus) portèrent à Jérusalem pour le présenter au Seigneur,..... et pour donner ce qui devait être offert en sacrifice, *selon qu'il est écrit
dans la loi du Seigneur,* deux tourterelles, ou
deux petits de colombe. »

Les Perses avaient pour la colombe blanche
une horreur profonde. Ils croyaient, d'après Hé-
rodote, que les lépreux, les albinos, les pigeons
blancs avaient commis quelque méfait contre le
soleil. Il y avait peut-être aussi dans cette horreur la haine d'un dieu étranger, d'un dieu païen.

D'après la légende, deux colombes noires en-
volées de Thèbes en Egypte arrivèrent jadis l'une
en Libye, l'autre à Dodone, et, prenant une voix
humaine, prescrivirent d'établir en ces lieux des
oracles de Jupiter. Telle aurait été l'origine de
ces deux sanctuaires fameux. A Delphes également, la colombe était le seul oiseau toléré dans
le voisinage du temple.

En Sicile, sur le mont Eryx, aujourd'hui mont
San-Giuliano, il y avait un temple de Vénus. On y
célébrait chaque année les fêtes du départ. Vénus, croyait-on, s'en allait en Libye. Et, en effet,
toutes les colombes disparaissaient. Puis au bout
de neuf jours, guidées par une des leurs, plus
brillante et plus hardie, elles revenaient en foule
avec la déesse même.

Quand les Chalcidiens, originaires de l'Attique,
allèrent fonder la ville de Cumes, leur flotte fut

dirigée dans sa marche par une colombe blanche.

La colombe était un oiseau de bon augure aussi bien chez les Romains que chez les Grecs. Elle l'était aussi chez les anciens Belges. Elle conserva toujours, elle conserve encore parmi nous un certain caractère symbolique et sacré.

Il est à peine besoin de rappeler qu'elle représente encore partout sur nos monuments l'Esprit-Saint, l'Esprit de Dieu. Elle est aussi l'emblème de la douceur, de la fidélité tendre, de l'amour pur.

« Jacques de Guyse (*Histoire du Hainaut*, VI, 8, 1829) nous apprend que, le jour du couronnement d'Arthur (VIe siècle), ce monarque de la Grande-Bretagne était précédé de quatre rois portant chacun une épée d'or, pendant que devant la reine marchaient quatre autres rois, portant chacun, *selon la coutume*, une colombe blanche [1]. »

Le sceptre des rois saxons d'Angleterre était surmonté d'une colombe ; le sceptre de Charlemagne également. Pendant les cérémonies du couronnement des rois de France dans la cathédrale de Reims, on donnait, dans l'église même, la volée à une multitude de colombes blanches [2].

D'esprit divin qu'elle était, la colombe devint aisément une pure et sainte petite âme humaine.

Les Goths élevaient sur leurs tombeaux une perche surmontée de son image.

1. Bogaerts, *Histoire civile et religieuse de la colombe*, 1847.
2. Ce détail pourra paraître burlesque ; nous le citons à tout risque. De grands journaux bonapartistes de Paris ont raconté avec onction, lors de la cérémonie religieuse célébrée après la mort du fils de Napoléon III, qu'on avait vu un pigeon voler dans l'église.

Au moment où Jeanne d'Arc périt sur le bûcher, un Anglais témoin du supplice de cette héroïne déclara, dit Michelet, dans une déposition que nous possédons écrite, qu'il avait vu s'envoler de la bouche de Jeanne, avec son dernier soupir, une colombe qui prit le chemin du ciel.

C'était une preuve décisive de son innocence.

On connaît, dit Montalembert, la *belle* légende de saint Polycarpe, qui fut brûlé vif. Son sang étouffa les flammes, et de ses cendres on vit sortir une colombe blanche qui s'envola vers le ciel.

On connaît même beaucoup d'histoires de ce genre. Mais elles n'ont rien de particulier sous le rapport de la beauté.

Il est vraiment très singulier de retrouver ce culte de la colombe en des pays qui ne l'ont emprunté ni à nous, ni, à notre connaissance, à aucun des peuples de notre antiquité.

« Au Japon, dit M. le Dr Vidal [1], le pigeon est assez rare, car les Japonais ignorent ce que c'est qu'un colombier. Celui qu'on y rencontre ressemble au biset. Il est d'ailleurs familier.

« Des centaines de ces oiseaux ont par exemple élu domicile dans un des principaux temples de la capitale, de Yeddo, où *ils sont protégés et respectés en vertu de quelques superstitions religieuses.* On voit leur nombreuse bande s'abattre au milieu de la foule pour y picorer le riz que leur distribuent les fidèles. »

Il faudrait encore consulter aussi la vieille Chine, où ils sont très nombreux (surtout à Péking), pour mieux savoir la source de ces respects, de ce culte.

1. *Bullet. de la Société d'acclimatation*, année 1875, page 441.

Emblème de tendresse, de pureté, Esprit divin, la colombe avait naturellement les secrets d'en haut. Elle annonçait partout le bonheur, la joie douce et confiante. Sa présence était une protection. Les hommes la sacrifiaient aux dieux pour marquer le dévouement du cœur, et les dieux l'envoyaient aux hommes comme un signe visible de leur présence au milieu d'eux. Elle portait aux rois les confidences de leurs sujets et les inspirations du ciel. C'était une messagère, une messagère d'amour, de douceur attendrissante. Le spectacle seul de ses mouvements et de ses caresses était délicieux.

Les jeunes filles, à coup sûr, la pressaient avec passion sur leur sein, comme la petite âme ardente de l'amant qui vient révéler son secret, ou comme le Dieu lui-même auquel on voudrait se donner.

Les artistes, on le sait, en ont représenté maintes fois le gracieux tableau.

Et un très ancien poète de la Grèce, un poète bien connu, Anacréon (559-478), nous l'a positivement révélé. Bien effectivement, elle fut messagère, messagère des amours discrètes comme des secrets d'Etat, confidente des rois et des grands de la terre.

ODE D'ANACRÉON « SUR LA COLOMBE »

(trad. Veissier-Descombes).

LE PASSANT.

D'où viens-tu, colombe timide ?
D'où vient ce parfum précieux
Que ton aile en son vol rapide
Exhale et répand dans les cieux ?
    de ces bords quel soin te guide ?

LA COLOMBE.

Soumise aux lois d'Anacréon,
Je vais, messagère docile,
Vers cet enfant, vers ce Bathylle,
Qui partout fait régner son nom.
De la déesse de Cythère,
Anacréon m'obtint naguère,
Au prix d'une courte chanson.
Depuis, je le sers sans partage.
Vois-tu bien ce billet d'amour ?
De lui c'est un nouveau message;
Il veut, dit-il, à mon retour,
M'affranchir de mon esclavage...
Il le ferait que, sous ses lois,
Je serais toujours sa compagne.
Pourquoi voler dans la campagne,
Sur les monts, au milieu des bois?
Est-ce donc pour un fruit sauvage
Ou quelque abri sous le feuillage?
Ah! combien mon nouveau destin
Aujourd'hui me plaît davantage!
J'ose même ravir le pain
Qu'Anacréon tient dans sa main.
A-t-il bu, sa coupe dorée
M'offre aussi la douce liqueur;
Et, quand je suis désaltérée,
Me jouant sur mon bienfaiteur,
De mes deux ailes je l'ombrage.
Si, dans ce léger badinage,
Le repos m'offre sa douceur,
Sur le luth même je sommeille.
Tu sais tout; adieu, voyageur !
J'ai plus jasé qu'une corneille.

CHAPITRE II

LE PIGEON MESSAGER

I. La domestication du pigeon semble se perdre dans la nuit des temps. Pour qu'on le sacrifiât de toute antiquité dans le temple de Jérusalem, il fallait bien qu'il fût à la libre disposition des fidèles. On connaît au surplus le récit de la

Genèse sur l'arche de Noé : « Il (Noé) envoya aussi la colombe, après le corbeau, pour voir si les eaux avaient cessé de couvrir la terre. Mais, n'ayant pu trouver où asseoir son pied, parce que la terre était toute couverte d'eaux, elle revint à l'arche : et Noé, étendant la main, la reprit et la remit dans l'arche. Il attendit encore sept jours, et il envoya ensuite la colombe hors de l'arche. Elle revint à lui vers le soir, portant dans son bec un rameau d'olivier... » Cet épisode semble indiquer qu'au temps où il fut écrit le pigeon était domestique, et qu'on connaissait et utilisait parfois sa fidélité à retourner au nid. Mais nous avons des documents plus sérieux, plus positifs et surtout infiniment plus anciens.

« La première mention du pigeon domestique, dit Darwin, comme me l'a indiqué le professeur Lepsius, remonte à la cinquième dynastie égyptienne ; mais M. Birch, du British Museum, m'informe qu'il est déjà question du pigeon dans un menu de repas datant de la dynastie précédente. »

Cela reporte la domestication du pigeon à plus de quatre mille ans avant notre ère.

Isidore Geoffroy Saint-Hilaire avait déjà dit : « En des temps reculés, nous voyons le pigeon domestiqué dans les mêmes parties du monde où il vit sauvage ; et l'Europe est la seule pour laquelle sa domestication ne se perde pas dans la nuit des temps. Le pigeon paraît n'avoir été possédé par les Grecs qu'un peu après l'époque d'Homère, et ils n'avaient pas vu d'individus à plumage blanc jusqu'au cinquième siècle avant notre ère ; ces individus blancs venaient vraisemblablement de Perse. Le même pays paraît avoir aussi donné le pigeon à l'Egypte, mais à une époque plus reculée ; car, dès le temps d'Aristote, le pigeon était devenu un des oiseaux le plus communément et le plus habilement cultivés en Egypte. »

Nous ne l'avons pas trouvé mentionné dans le recueil des lois de Manou. Mais des recherches suivies n'ont pas été faites de ce côté, et l'un des noms d'oiseaux inconnus qu'on y relève pourrait bien s'y rapporter.

Homère cite plusieurs villes de la Grèce où l'on élevait des pigeons en quantité considérable. Les Romains, après la conquête de la Grèce, les cultivait aussi avec passion. Les colombiers de 5000 pigeons n'étaient pas rares chez eux, et ils tenaient compte de leur race, même de leur généalogie. Au temps de Varron (116-26), une paire de pigeons de belle race se vendait 200 nummi (40 fr.) et quelquefois 1000 (200 fr.). Le chevalier Axius ne voulait en céder une paire qu'au prix de 320 francs, et Columelle rapporte, comme une chose, il est vrai, scandaleuse, qu'il se trouvait des Romains pour en payer une 4000 nummi (800 fr.).

Le même engouement a existé dans l'Inde à une époque postérieure, vers 1600, au temps d'Akber-Khan. « La cour, dit Darwin, transportait avec elle vingt mille pigeons, et les marchands en apportaient des collections de grande valeur. Les monarques d'Iran et de Turan lui envoyèrent des races fort rares, et l'historien de la cour ajoute qu'en croisant les races, chose qui ne s'était jamais faite auparavant, Sa Majesté les avait améliorées d'une manière étonnante. » (*De la variation*, p. 217.)

L'usage régulier du pigeon comme messager remonte aussi très haut. Les documents positifs nous font défaut à cet égard. Mais il semble bien que c'est à la qualité très visible qu'il possédait de s'attacher à son colombier et d'y revenir de partout d'un vol puissant qu'il dut, pour la plus grande partie, la vogue dont il a joui à maintes reprises. L'ode d'Anacréon que nous citions plus haut le montre assez. Mais son utilisation régulière comme messager a dû être sans doute plusieurs fois reprise et délaissée, comme nous l'avons vu dans le cours des temps historiques.

D'après M. La Perre de Roo, les monuments de l'ancienne Egypte attestent que, du temps des Pharaons, les mariniers de l'Egypte, de Chypre et de Candie se servaient de pigeons voyageurs quand ils approchaient de terre pour annoncer leur arrivée à leurs familles [1].

On s'en servait également en Syrie. D'anciens auteurs parlent d'un pigeon qui franchit en quarante-huit heures l'espace qui sépare Babylone d'Alep, espace qu'un bon marcheur ne parcourait pas en moins d'un mois.

C'était par des pigeons qu'étaient si rapidement proclamés dans toute la Grèce les noms des vainqueurs aux jeux Olympiques.

Il y a quelques indices que les Romains, avant la conquête de la Grèce, se servaient accidentellement d'autres oiseaux comme messagers, mais non encore du pigeon.

Pline rapporte (*Hist. nat.*, lib. X, c. 34) qu'un

---

1. *Le pigeon messager*, 1 vol. in-8°. Paris, 1877, p. 25. Il accepte aussi le dire d'un auteur arabe (Ebn-Sofyan-Thauri), qui assure que les villes de Sodome, Gomorrhe, etc., correspondaient par pigeons messagers, et que leur usage a disparu après la catastrophe qui a détruit ces villes.

Cécina de Volaterre, de l'ordre équestre, entrepreneur de chars pour les jeux, emportait des hirondelles à Rome et les renvoyait pour annoncer à ses amis le succès des courses. Elles revenaient dans leurs nids, peintes de la couleur victorieuse. Le même auteur cite un second exemple tiré des annales du plus ancien historien romain, Fabius Pictor (220 av. J.-Ch.). Une garnison romaine étant assiégée par les Liguriens, on apporta à Fabius une hirondelle prise dans son nid, afin qu'en lui attachant une ficelle à la patte il fît connaître aux assiégés, par le nombre des nœuds, le jour qu'ils seraient secourus, pour qu'ils fissent en même temps une sortie.

L'hirondelle n'est pas du reste le seul oiseau dont, en pareilles circonstances, on fit usage dans l'antiquité. Un roi d'Egypte, du nom de Marrès, avait une corneille si admirablement dressée, que, si l'on en croit Elien (*De anim. nat..*, lib. VI, c. 7), elle portait rapidement des lettres dans toutes les directions : on n'avait qu'à lui indiquer l'endroit. Marrès fit élever un tombeau pour honorer sa mémoire.

C'est du temps de Varron, c'est-à-dire un demi-siècle après la conquête de la Grèce, que les Romains commencèrent à confier des missives aux pigeons, à en croire M. Bogaerts. Ils en emportaient au cirque et en lâchaient après telle course de chevaux ou tel combat de gladiateurs, pour en annoncer chez eux le résultat, ou même, à l'époque de la décadence, tout simplement pour commander leur dîner.

« Sous la république, les pigeons jouèrent un rôle plus utile et plus noble [1]. » Pline raconte

---

1. Gobin, *Les pigeons de volière, de colombier, messagers militaires*, 1 vol. in-8°, Paris, 1878, p. 129.

en effet que, pendant le siège de Modène, Decimus Brutus envoyait au camp des consuls des lettres qu'il attachait aux pieds des pigeons. — « Que servaient à Antoine la profondeur des retranchements, la vigilance des soldats, les filets tendus dans toute la largeur du fleuve, quand le courrier prenait sa route vers le ciel? » (*Histor. anim.*, Lib. X, 53). Frontin, dans son *De stratagematis*, rapporte le même fait avec plus de détails. « Hirtius (l'un des deux consuls qui tentaient de délivrer Brutus) tenait, dit-il, dans l'obscurité des pigeons, qu'il privait en même temps de nourriture, puis il leur attachait au cou des dépêches avec un fil de soie, et il les lâchait le plus près possible des remparts de la ville. Les pigeons, avides de lumière et de nourriture, s'abattaient sur le haut des édifices, où Brutus les faisait recueillir. Il était ainsi informé de toutes choses, surtout depuis qu'il avait pris soin de disposer pour les pigeons de la nourriture en des lieux déterminés, où ils prenaient l'habitude de s'abattre. »

M. La Perre de Roo conclut de là que cet usage du pigeon s'était généralisé dans les armées romaines.

Comment expliquer autrement, dit-il, cette surprenante rapidité avec laquelle Jules César fut informé des insurrections de la Gaule, rapidité qui lui « permit souvent de descendre des Alpes avec ses légions, au premier signal de soulèvement. »

Quoi qu'il en soit, c'est incontestablement à l'époque florissante de la civilisation arabe et en Orient que cette utilisation du pigeon fut généralisée avec le plus de méthode et le plus de profit.

On croit généralement [1] que ce résultat fut dû à Nour-Eddin.

Cependant, d'après l'historien Khalil-Dhaheri, qui cite M. Gobin, « dès la fin du VIIe siècle, on installa une poste aérienne par pigeons à Mossoul, et, dès les premières années du VIIIe siècle, les principales villes de l'empire arabe d'Asie communiquaient régulièrement entre elles, au moyen de pigeons messagers qui se relayaient de distance en distance, dans des tours construites dans ce but. Un peu plus tard, l'organisation s'étendit jusqu'à l'Égypte. Les califes fatimites attachaient une telle importance à ces transports aériens de dépêches qu'ils en firent une des branches de leur administration. Elle fut maintenue jusqu'au XVIIe siècle, où elle disparut au milieu de l'insouciance des Turcs [2], » mais avec des intermittences de négligence et d'abandon.

C'est en 1167 que Nour-Eddin créa un service de poste par pigeons, reliant Bagdad à toutes les principales villes de l'empire de Syrie, et c'est sous son règne que le calife Achmet, complétant cette organisation, l'étendit jusqu'à l'Égypte. Mais, après sa mort, elle fut abandonnée jusqu'à l'an 1179, — officiellement du moins. Les historiens du pigeon n'ont pas fait cette réserve. Mais on va voir qu'il faut la faire.

Un Persan nommé Hasan, qui avait occupé

1. Bogaerts, La Perre de Roo, etc.
2. Cependant Nazare Aga, ministre plénipotentiaire du shah de Perse, a affirmé à M. de Roo que l'usage des pigeons messagers subsiste encore de nos jours en Perse, en Arabie et dans d'autres contrées de l'Asie où le télégraphe est encore inconnu.

une haute situation sous le règne de Malik Schah (1072-1092) et l'avait perdue, croyant avoir à se venger, institua le corps des *fidayis* ou fidawis, c'est-à-dire des *dévoués*, ou sicaires, dont le rôle devait se borner à assassiner tous ceux que leur chef désignerait. « En échange de leur vie qu'ils sacrifiaient d'avance, Hasan leur promettait un paradis sensuel, dont la description nous a été conservée [1]. Hasan, dit-on, s'avisa, pour leur donner un avant-goût des joies qui les y attendaient, de faire installer à Alamout, au milieu de jardins délicieux, des pavillons décorés de tout ce que peut offrir de plus séduisant le luxe asiatique. De temps à autre, on y transportait des fidawis, après les avoir endormis au moyen du haschisch. Ils s'éveillaient dans ces lieux enchanteurs et y goûtaient toutes les voluptés. Bientôt, le même moyen permettait de les faire sortir, et dès lors ils étaient prêts à tout pour conquérir un séjour éternel dans ce paradis à peine entrevu. Tel est le récit du voyageur Marco Polo, confirmé par des sources orientales. Mais peut-être Hasan leur faisait-il simplement prendre du haschisch, composition qui procure des visions extatiques d'une si parfaite netteté qu'on les confond avec la réalité [2]. Quoi qu'il en soit, la voix publique donnait aux fidawis le nom de mangeurs de haschisch, *Haschischin*. Un géographe du XIe siècle, Edrisi, l'atteste, et S. de Sacy a mis

---

1. Stanislas Guyard, *Journal asiatique*, 1er semestre de 1877, p. 343.

2. Cette pratique est de tout point comparable à l'usage des *Exercices spirituels* d'Ignace de Loyola, qui constituent, de l'aveu des membres de sa secte, le moyen d'action le plus puissant.

hors de doute que c'est par corruption du mot haschischin que s'est formé le nom d'assassin, sous lequel nous les ont fait connaître nos chroniqueurs.

Les fidawis étaient soigneusement dressés à leur effroyable métier. On choisissait des hommes jeunes et vigoureux, habiles aux exercices du corps; on leur enseignait plusieurs langues. La mort seule devait arrêter leur bras, et sur un signe du chef il fallait qu'ils fussent prêts à mourir. Le monde musulman retentit bientôt, et du vivant même de Hasan, du bruit de leurs sinistres exploits. Pendant plus de deux cents ans, la terreur régna dans l'Asie occidentale, où ils s'étaient cantonnés dans d'inexpugnables forteresses, et il fallut le torrent de l'invasion mongole pour les extirper.

De 1090 à 1256, huit grands maîtres se succédèrent à Alamout. Leur province la plus importante était la Syrie, gouvernée par un lieutenant investi du pouvoir suprême sur les Ismaéliens des monts Sommaq et résidant dans la forteresse de Kahf. C'est là qu'à partir de 1169 régna Raschid ad-din Sinân, le fameux Sinân, l'émule de Saladin. Les assassins en firent un dieu. Eh bien! c'est aux pigeons qu'il dut de conquérir et de garder son pouvoir et de s'entourer de l'auréole et du prestige divins. L'histoire en est trop curieuse pour que nous ne la rapportions pas, d'autant qu'elle est restée complètement ignorée de tous ceux qui se sont occupés de l'histoire du pigeon messager.

Peu après son installation, des conjurés se réunirent une nuit à Masyâf et tinrent un conciliabule contre lui. La même nuit, Sinân envoya une lettre au gouverneur de Masyâf. Il désignait les coupables par leurs noms et rapportait de point en point leurs discours. Ceux-ci crurent qu'il avait tout découvert par son esprit prophétique; ils virent dans ce fait un miracle éclatant et se soumirent.

Profitant de sa rare pénétration et, sans doute, excellant dans la mise en scène de comédies préparées d'avance, il répondait à des lettres qu'il se faisait remettre en présence de ces hommes sans même les décacheter. Envoyait-il un affidé en mission, il racontait jour par jour à ses compagnons les moindres péripéties de son voyage; l'affidé écrivait, et son récit se trouvait conforme à tout ce qu'avait annoncé Râschid ad-din.

« Comme jadis le fondateur des néo-ismaéliens, Abdallah ben Maïmoun, il avait compris, dit M. Stanislas Guyard, que, pour captiver les masses, il fallait recourir au surnaturel. Abdallah ben Maïmoun s'était fait thaumaturge. Il avait en divers lieux des agents qui l'informaient des événements avec une rapidité surprenante, grâce à une poste aux pigeons qu'il avait établie chez lui. Sans aucun doute, Râschid ad-din l'imitait. Ses pigeonniers étaient installés, je pense, sur le sommet des montagnes avoisinant les citadelles de la secte, et il les avait dissimulés dans les tumulus de pierres qu'on y rencontre et qui passaient pour des tombeaux de saints. Il s'y rendait la nuit, accompagné d'un seul écuyer, qu'il faisait rester à distance, et il y trouvait la correspondance des divers pays. Les assassins avaient remarqué les sorties nocturnes de leur chef; ils s'imaginaient qu'il allait enterrer des trésors en des endroits connus de lui. Une nuit, son écuyer le surprit en conversation avec un oiseau vert. Râschid ad-din prétendit que cet oiseau était Hasan, grand maître d'Alamout, qui venait lui rendre visite. Il interdisait sévèrement de tuer les pigeons. Un Ismaélien s'était rendu coupable d'un acte de ce genre. Quelque temps après, profitant de ce qu'une colombe avait pénétré par la fenêtre dans ses appartements, Râschid ad-din fait venir le délinquant et lui dit : « Cette colombe se plaint à moi de ce que tu manges ses petits. Je jure que, si tu recommences, le feu du bûcher te consumera. »

Ces manœuvres et quelques autres [1] portèrent leur fruit : Râschid ad-din secoua le joug des grands maîtres d'Alamout et déjoua toutes les tentatives qu'ils firent pour l'assassiner.

Les moins crédules virent en lui un prophète doué du pouvoir des miracles. Les plus simples en firent Dieu même incarné parmi eux. On avait déjà vu, on le sait, semblable fait. Sinân s'appliquait à entretenir cette opinion par ses enseignements et ses écrits. Faussant la doctrine primitive des Ismaéliens, il supprimait le septième prophète, Mohammed, fils d'Ismaël, et se substituait à lui. Les Ismaéliens voyaient dans les prophètes des incarnations de la raison universelle. Sinân allait plus loin et s'arrogeait là divinité. « Nous possédons, dit encore M. Stan. Guyard, l'écrit dogmatique dans lequel il expose cette doctrine, et des témoignages contemporains attestent qu'il avait pleinement réussi à séduire ses compagnons. » Le voyageur arabe espagnol Ibn Djobaïr, traversant la Syrie en 1184-1185, nous dit : « Sur les flancs du Liban se trouvent les citadelles des

1. Il fit devant ses fidèles le tour du décapité parlant, et décapita réellement, le tour joué, celui qui lui avait servi d'instrument.

Ismaéliens, secte qui a dévié de l'islamisme et qui prétend que la divinité réside dans une créature humaine. Un démon à face humaine, appelé Sinân, a été suscité parmi eux... Ils en ont fait un dieu qu'ils adorent et pour qui ils sacrifient leur vie... Ils en sont venus à un tel point d'obéissance et de soumission à ses ordres, que, s'il commande à l'un d'eux de se précipiter du haut d'un rocher, il se précipite aussitôt... »

Nous disions plus haut que c'était à leurs qualités de messagers fidèles que les pigeons avaient dû sans doute la vogue extraordinaire dont ils ont joui à maintes reprises. On s'expliquera facilement, après l'histoire que nous venons de rapporter, qu'ils aient été entourés d'un véritable prestige, et qu'on leur ait attribué quelque qualité surnaturelle et mystérieuse. On les appela en Orient les *anges des rois*. Voyez d'ailleurs en quels termes en parle un écrivain oriental (Fadhel) que cite avec complaisance M. La Perre de Roo :

« ..... Les nouvelles qu'ils portent sont l'armée de celui qui les dépêche; la plume qui les a tracées, ses armes offensives. Ils apportent les nouvelles avec la discrétion d'un homme qui les tiendrait renfermées dans le secret de son esprit; et en un clin d'œil, en déployant leurs ailes, ils parcourent les plus grandes distances. Ils s'approchent des astres et sont eux-mêmes autant d'astres élevés. Ils atteignent leur but comme s'ils étaient des flèches du destin. On pourrait les prendre pour des anges, puisque ce sont des messagers auxquels Dieu a donné le talent de franchir de grandes routes dans le temps le plus court. Ils méprisent la distance des lieux et les rapprochent par la vitesse de leur course, qui égale la rapidité de l'éclair. Quand on les regarde, il semble que l'on voit les étoiles de la constellation du bonheur. Ils méritent entre tous les oiseaux le titre de prophète, d'envoyer, de messager véridique, qui ne manque point à sa mission et ne trahit point la vérité. »

Sous le khalife Abbasi-Ahmed-Naser-Liden-Allah, qui réorganisa la poste aux pigeons en 1179, la mode en devint si commune, que le prix de ces pigeons atteignit un taux exorbitant. On en vendait une paire bien dressée jusqu'à cent pièces d'or.

En 1258, l'invasion mongole la fit, paraît-il, totalement abandonner, du moins à Bagdad. Elle subsista certainement en Egypte et en Syrie. Elle subsista même en Perse.

« Après l'invasion de la Perse par Timour, souverain des Tartares, et ensuite par les Turcs, les riches seigneurs persans, dit Volney, continuèrent à se servir de pigeons voyageurs pour le transport des messages et continuent à s'en servir de nos jours. » Il ajoute : « On sait que cet usage subsiste aujourd'hui à Alexandrette, et Pietro della Valle en 1745 l'a vu pratiquer au Caire, exactement comme le Tasse le décrit dans la *Jérusalem délivrée*. »

Il nous donne aussi quelques détails curieux sur l'organisation de cette poste en Egypte et en Syrie, en 1450, d'après un ouvrage arabe intitulé : *Amulettes des pigeons*. On attachait les lettres, appelées bataïq, le plus souvent sous l'aile, mais quelquefois aussi à une plume de la queue. On y employait un papier spécial qu'on nommait *papier d'oiseau*. On datait ces lettres seulement du jour et de l'heure. On omettait au commencement la formule ordinaire : *Louanges à Dieu*, etc. Mais on mettait à la fin la formule :

Dieu nous suffit, pour que cela portât bonheur au messager. On envoyait ordinairement la lettre par *duplicata*, et l'on en faisait mention expresse.

Les pigeons employés au service du sultan étaient marqués sur les pattes et sur le bec. C'était le sultan lui-même qui détachait les lettres à leur arrivée. Des lignes postales mettaient alors en communication le Caire avec Alexandrie, avec Damiette, et avec Gazzé, Gazzé avec Jérusalem, avec Safad et avec Damas, Damas avec Balbeck, avec Halab et Tarabolos; Halab avec Behesna et Rahabé.

Cette organisation était connue en Europe depuis les croisades. Lorsqu'en juin 1249 saint Louis aborda près de Damiette et mit en fuite les défenseurs de cette ville, à un moment donné, le ciel fut obscurci par une nuée d'oiseaux qui attirèrent l'attention des croisés. C'étaient des pigeons voyageurs, porteurs de messages, que l'émir Fakir-Eddin, qui commandait l'armée égyptienne, avait lâchés pour informer le sultan Malek-Saleh-Neym-Eddin du débarquement de saint Louis.

« Les Sarrazins, dit Joinville, annoncèrent au Soudan, par *coulons messagers*, par trois fois, que le roy étoit arrivé. »

II. Dans les temps modernes, le pigeon messager fut importé en Europe seulement vers 1765, [1] et cela par des marins hollandais. Il venait de Bagdad; de là le nom de bagadais qui est resté à ses descendants directs dégénérés aujourd'hui par l'oisiveté. On l'appelle encore *pigeon carrier* (mot

1. Il règne toutefois, à ce sujet, une grande incertitude, d'après certains auteurs.

anglais signifiant messager) *anglais* (*Columba tuberculosa*). Il n'est pas autre chose que le *messager persan*, aux facultés d'orientation et à la puissance de vol remarquables. Il a le bec long et fort, un peu crochu à l'extrémité lorsqu'il se fait vieux ; ses caroncules nasales sont très tuberculeuses et extrêmement développées dans les sujets de race ; un large ruban de chair encadre ses yeux, dont l'iris est rouge comme le feu ; sa tête, qui est généralement déprimée, se détache d'un cou mince et long ; ses ailes ont une grande envergure, et il a les épaules prononcées comme dans les vautours. Il a été sans aucun doute un des éléments primitifs d'où est sorti le pigeon messager belge, le seul employé aujourd'hui en Europe. On suppose que celui-ci s'est formé par une série de croisements, d'abord avec le biset, puis avec le pigeon cravaté (*Columba turbita*), qui est le plus répandu dans la province de Liège, a le bec très court, au contraire du persan, et les formes plus élégantes ; enfin avec le pigeon volant ou pigeon hirondelle (*Columba tabeliaria*) qui tournoie dans les airs à de grandes hauteurs et a les formes sveltes et la taille petite. Quoi qu'il en soit, le pigeon belge diffère sensiblement par sa forme du messager persan. Il se compose de trois variétés : la *liégeoise*, l'*anversoise* et la variété *mixte*, mais qui tendent de plus en plus à se confondre.

« Le *pigeon liégeois*, dit M. La Perre de Roo (op. c., p. 10), se distingue des autres types par ses formes mignonnes, par les plumes retroussées qui, en guise de jabot, ornent sa poitrine et lui donnent un cachet coquet et distingué. Il a le bec petit et très court, orné à sa base de caroncules blanches peu développées. Ses yeux, vifs et saillants, sont encadrés d'un petit filet charnu blanc, et ils brillent comme des rubis. Sa tête est convexe, comme dans tous les pigeons voyageurs belges, qui ont rarement la tête déprimée des pigeons carriers anglais. Il a le cou court et amplement garni de petites plumes longues et étroites à reflets métalliques. Ses ailes sont fort longues et reposent par leur extrémité sur une queue étroite et resserrée, composée de douze pennes rectrices superposées de façon à ne laisser à la queue que la largeur d'une seule penne.

« Le *pigeon liégeois* jouit en Belgique d'une réputation justement méritée, et, sous le rapport de l'élégance et des qualités instinctives, il n'a absolument rien à envier aux autres variétés.

« Le *pigeon voyageur anversois* diffère principalement du pigeon liégeois par sa grande taille et par son bec, qui est plus long. Les morilles de son bec sont aussi plus développées et plus tuberculeuses, ainsi que la membrane charnue qui entoure ses yeux. Sa large poitrine et la grande envergure de ses ailes, dont les rémiges s'étendent presque jusqu'à l'extrémité de sa queue, sont l'indice d'un vol puissant et soutenu.

« Ce pigeon se distingue particulièrement par sa résistance à la fatigue pendant les voyages de long cours. Sa tête, convexe, large entre les yeux, se détache d'un cou vigoureux amplement garni de plumes à reflets soyeux, et sa queue étroite lui donne le cachet du vrai pigeon volant des anciens. »

C'est une culture attentive, facilitée et développée surtout depuis la création des chemins de fer qui permettent les exercices répétés, qui a porté les qualités primitives de ces races au point où elles sont aujourd'hui. Cela est incontestable. Mais nous ne pouvons pas non plus douter que le pigeon messager, avant la création de la race belge, répondait déjà admirablement à son objet. A peine importé en Europe, il fut utilisé avec succès dans des circonstances mémorables.

Le 11 décembre 1572, Frédéric de Tolède entreprit le siège de Harlem. Le prince d'Orange, malgré tous ses efforts, ne put le contraindre à le lever. Mais pendant sept mois entiers il guida la conduite des habitants de Harlem et soutint leur courage, malgré d'horribles souffrances, en se servant de *pigeons voyageurs*. Suivant son conseil, ils allaient, en désespoir de cause, quitter leurs foyers à moitié détruits, pour se précipiter en foule sur l'ennemi, lorsque celui-ci leur offrit pour les tromper, des conditions de capitulation avantageuses. A peine ces conditions furent-elles ratifiées que manquant honteusement à sa parole, il fit périr traîtreusement une grande partie d'entre eux.

En 1574, ce fut le tour de la ville de Leyde. Mais les choses tournèrent autrement. Francisco de Valdès, résolu à la réduire par la famine, l'avait environnée de soixante forts, et toutes ses communications avaient été coupées. La famine devint, au bout de quelque temps, affreuse. « Quatre onces de pain et huit onces de cheval ou de chien formaient la nourriture quotidienne des plus riches habitants comme des soldats. »

Enfin la population, décimée par la peste et la faim, se souleva. « Des hommes hâves et décharnés, des femmes exténuées et les habits en lambeaux, des mourants envahirent tumultueusement la place publique et, se jetant sur le passage du bourgmestre Van der Werff, lui demandèrent avec des vociférations du pain ou la reddition de la ville. Ce magistrat venait de recevoir précisément une dépêche du prince d'Orange par *pigeon voyageur*. Il en lut le contenu. Elle annonçait que les digues de la Meuse et de l'Yssel venaient d'être rompues, par ordre des États, et que l'amiral de Zélande, M. Louis Boisot, approchait de Leyde avec une flottille de bateaux plats chargés de vivres pour secourir les assiégés. Le courageux bourgmestre ajouta : « Je serai fidèle au serment que j'ai prêté à Dieu et à la patrie. Du pain, je n'en ai pas à vous offrir. Mais, si ma mort peut vous soulager, prenez mon corps, coupez-le par morceaux, et partagez-le entre vous. »

Mais tel avait été l'effet de la dépêche du prince d'Orange que, le général Valdès ayant envoyé dans le moment un héraut proposer une capitulation honorable, les assiégés répondirent qu'avant de se rendre ils mangeraient leur bras gauche, et qu'ils défendraient ensuite leurs murs du bras droit.

Bientôt les eaux de la Meuse et de l'Yssel, poussées par un vent favorable vers le lieu de détresse, submergèrent les Espagnols dans leur camp, et l'amiral de Zélande, Boisot, accourut au secours de la ville avec huit cents matelots et plus de cent pièces de canon. Francisco Valdès fut contraint de lever siège dans la nuit du 4 octobre 1575.

Pour marquer l'importance des services considérables que lui avaient rendus les pigeons voyageurs, auxquels, en somme, on était redevable de cette heureuse issue, le prince d'Orange ordonna qu'ils fussent nourris aux frais du trésor public et qu'on les embaumât après leur mort, pour être conservés à l'hôtel de ville [1].

---

1. Nous nous étonnons que l'on n'ait pas eu l'idée

Ce n'est qu'au commencement de notre siècle que les pigeons voyageurs furent introduits en Belgique et dans quelques villes du nord de la France. On s'en servit alors pour porter les ordres de bourse, les dépêches de la presse et des particuliers.

La maison de banque de MM. Rothschild frères leur doit, paraît-il, une notable partie de sa fabuleuse fortune. Grâce à eux, leur maison de Londres, informée trois jours avant le gouvernement anglais de la défaite de Napoléon à Waterloo, eut le temps de faire à la bourse et sur une vaste échelle des achats à des prix de guerre, et elle réalisa des bénéfices énormes lorsque la nouvelle, tombant dans le domaine public, provoqua une hausse générale sur tous les fonds (de Roo).

De ce moment, mais surtout à partir de 1828, où les fonds espagnols prêtèrent à un agiotage éhonté, les spéculateurs recoururent à qui mieux mieux aux services des pigeons voyageurs. Et les colombophiles en retirèrent de grands profits.

On s'en servit aussi jusqu'en 1832 pour transmettre plus rapidement les numéros gagnants des loteries.

La suppression des loteries en 1832 et l'installation du télégraphe en 1844 les ont fait depuis lors regarder comme d'une utilité tout accidentelle. Mais, devenus en même temps, et par suite de l'établissement des chemins de fer, l'objet d'un

de s'assurer de la race à laquelle ils appartenaient. Les noms que les pigeons messagers portaient alors signalent leur origine persane, d'après Darwin, et les descriptions que donnent Aldrovande, 1580, et Willughby, 1677, ne peuvent s'appliquer qu'au messager persan.

sport très en faveur en Belgique, leurs qualités n'en ont pas souffert et se sont même perfectionnées.

Jusqu'à ces dernières années, ils ne furent qu'en une seule circonstance d'une utilité générale et publique. Du moins en 1849, lors du siège de Venise, on employa comme messagers les fameux pigeons de Saint-Marc, qui sont l'objet d'une sorte de vénération.

Mais en 1870-71, à l'un des moments les plus douloureux de notre histoire, ils ont joué en France un rôle considérable et ont rendu des services d'un retentissement qui ne s'éteindra pas.

Le gouvernement de la Défense nationale avait eu la précaution de faire rentrer huit cents pigeons dans Paris avant son investissement. Mais on s'y prit trop tard pour en faire sortir. Lors donc qu'on eut l'idée de communiquer avec le reste de la France par ballon, on ne sentit que plus vivement combien cet oubli du premier moment était fâcheux. Paris pouvait alors en effet parler encore au monde, mais il ne pouvait pas savoir si sa voix, traversant les espaces, ne se brisait pas sourdement contre les lignes ennemies.

Le premier ballon s'éleva le 23 septembre avec 123 kilogrammes de dépêches. C'était bien; mais savait-on si ces dépêches arriveraient, et plus tard si elles étaient arrivées? Nulle angoisse plus forte que celle, dans de pareils moments, de n'être pas sûr d'être entendu et de sentir au-dessus de soi comme le couvercle d'un tombeau qu'aucune voix du dehors ne pourra jamais traverser.

Le jour même, M. Van Rosebeke, vice-président de la Société colombophile l'*Espérance* de **Paris,** se rendit auprès du général Trochu et de M. Rampon, directeur des postes. On accueillit ses idées et ses offres. Et, le surlendemain, un second ballon, la *Ville de Florence*, commandé par l'aéronaute Mangin, quittait la ville de Paris *à onze heures du matin*, en emportant trois pigeons voyageurs de M. Van Rosebeke. Le même jour, *à cinq heures du soir*, les pigeons voyageurs, de retour à Paris, apportaient la dépêche suivante attachée à une plume caudale :

« Nous sommes descendus heureusement près de Triel, à Vernouillet. Nous allons porter les dépêches officielles à Tours. Ballots de lettres vont être distribués. »

Ce fut une explosion de joie admirative, et on le comprend. Les pigeons, dont on ne connaissait pas du tout ou que très vaguement les qualités, devinrent l'objet intime d'une sorte de reconnaissance affectueuse. Et de nouveau, comme autrefois dans les cités antiques, il fut comme entouré d'un gracieux prestige. Qui ne se souvient, parmi ceux qui ont vécu la vie du siège, des nombreuses gravures emblématiques qu'on en fit? Une, entre autres, est restée et restera sans doute. On y voit une jeune femme pâlie en longs habits de deuil, sur le bord de remparts héroïques, les bras tendus au ciel. D'en haut descend vers elle, à tire d'aile, une colombe, le bec tendu. Avec quelle impatience et quelle angoisse on l'attend ! Elle apporte du dehors la nouvelle des absents et de la lutte qu'ils soutiennent, les projets secourables, l'espérance, le réconfort moral. Par elle, le pays entier, brisé par tronçons, se rejoint et communie, et reprend dans cet échange de pensée, cette étreinte du cœur, de nouvelles forces pour le combat. Généreux oiseau ! ton sang est pur et

agréable comme celui du sacrifice ! N'est-ce pas
là encore, ne le sentons, ne le voyons-nous pas,
la colombe divine d'autrefois ?

Le 29 septembre, deux ballons liés ensemble,
les *États-Unis*, emportèrent trois pigeons. L'un
d'eux rentrait le soir même à Paris avec une
dépêche.

Le 30 septembre, le *Céleste*, commandé par
M. Gaston Tissandier [1], emporta encore trois pigeons. Le même jour deux de ces pigeons étaient
de retour à leur colombier avec la dépêche de
M. Tissandier, annonçant son heureuse descente
à Dreux.

M. Gambetta partit le 7 octobre, dans l'*Armand
Barbés*. Plusieurs membres de la Société colombophile, MM. Cassiers, Janody, Derouard et Traclet, lui avaient confié les meilleurs pigeons de
leurs colombiers.

Le lendemain, à cinq heures du soir, un premier pigeon apporta la nouvelle de la descente
de l'*Armand Barbés* à Montdidier, à deux heures
quarante-cinq minutes du soir. A peine au delà
des lignes des forts, ce ballon avait été assailli par
des fusillades parties des avant-postes prussiens,
et M. Gambetta avait eu la main effleurée par un
projectile. Aussi avec quelle inquiétude n'atten-
dit-on pas l'arrivée du premier pigeon, qui pour
la première fois justement ne rentra pas le soir
même ? Ce pigeon, de race anversoise, appartenant à M. Cassiers, était d'une beauté remarquable. Il avait pris part à plusieurs concours et
avait remporté le premier prix au concours

1. Voy. son intéressant ouvrage : *En ballon pendant
le siège de Paris*, 1 vol. in-8°. Paris, 1876.

national d'Auch, sur 1600 concurrents [1]. Il rentra encore trois autres fois à Paris avec des dépêches.

Trois des autres pigeons que M. Gambetta avait emportés avec lui arrivèrent à Paris le 11 octobre. Mais deux d'entre eux avaient perdu leurs dépêches, sans doute mal attachées.

De ce moment, on résolut de régulariser cette poste en faisant appel à des spécialistes qui prissent dans le maniement des pigeons toutes les précautions nécessaires. MM. Cassiers, Van Rosebeke, Nobécourt, Traclet et Thomas offrirent à M. Rampon de sortir de Paris en ballon, d'emporter leurs facteurs ailés et de se mettre à la disposition du gouvernement. Ils partirent chacun à leur tour, du 12 octobre au 18 novembre. Les descentes de MM. Van Rosebeke, Cassiers et Nobécourt, se firent dans des circonstances dramatiques [2].

Le ballon que montait M. Nobécourt (12 novembre), atteint par les balles prussiennes, échoua à Jossigny. Les Prussiens firent prisonnier M. Nobécourt et s'emparèrent de ses pigeons, qu'il avait cachés en toute hâte dans les broussailles sur la lisière d'un bois. Il eut juste le temps, avant d'être saisi, de lâcher six pigeons, qui rentrèrent à Paris le lendemain avec une dépêche annonçant ce malheur à son père. Il fut ensuite transporté en charette à Versailles, où il resta en cellule quinze jours et de là expédié dans un wagon à bestiaux à Gratz, en Silésie. Sa captivité dura cinq mois.

1. Lâché à Auch (distance 600 kilom.) à 7 heures du matin, il fut à Paris le lendemain à 11 heures 30 minutes.

2. Voir, pour plus de détails, les ouvrages déjà cités de M. G. Tissandier et de M. La Perre de Roo.

Ce fut un de ses pigeons, saisis par les Prussiens, qui apporta à Paris la fausse dépêche suivante : « Orléans repris par ces diables. Partout population acclamante. » Elle sentait assez son origine. Et combien la plaisanterie était grossière ! M. Lavertujon, dont elle était signée, se trouvait à Paris.

Les pigeons de M. Cassiers, qui n'arrivèrent à Tours qu'après avoir passé par la Belgique, rendirent les plus grands services. Plusieurs d'entre eux rentrèrent à Paris deux et trois fois avec des dépêches officielles et des milliers de dépêches privées. L'un d'eux fut transporté cinq fois hors de Paris et y retourna cinq fois. La quatrième, il avait été atteint par une balle prussienne qui l'avait grièvement blessé.

Lorsque, le 6 décembre, il fallut apprendre à la grande ville assiégée la douloureuse nouvelle de la reprise d'Orléans et de la déroute de l'armée de la Loire, on lança quatre pigeons du haut de la cathédrale de Blois. L'un d'eux, appartenant encore à M. Cassiers, l'apporta le lendemain à Paris, tout ensanglanté.

Deux des pigeons de M. Van Rosebeke firent le même voyage trois et quatre fois. Un pigeon de M. Derouard le fit six fois.

Le 12 novembre, M. Dagron était parti de Paris avec les appareils de photographie microscopique qui lui permirent de faire ranger sur une mince pellicule des milliers de dépêches [1]. Et il était

1. Voir pour les détails M. La Perre de Roo, p. 63. On roulait les pellicules dans un tuyau de plume qu'on attachait à la queue du pigeon à l'aide d'un fil ciré. Ce procédé permit de mettre sur un seul pigeon jusqu'à 50,000 dépêches, pesant ensemble moins d'un demi-gramme

arrivé à **Tours**, après d'incroyables péripéties, le 21 novembre. Il fut peu après installé à Bordeaux. Manquant alors de certains produits, il les fit demander à Paris par pigeon le 18 janvier. Le 24 janvier, ces produits étaient rendus à ses ateliers, à Bordeaux. Le pigeon voyageur avait mis à peine douze heures pour franchir l'espace de Poitiers à Paris.

MM. Cassiers, Van Rosebeke, Traclet et Thomas s'approchaient le plus près possible des lignes prussiennes pour le lancer, le matin généralement.

« A la pointe du jour, lorsque les campagnes étaient désertes, lorsqu'on ne voyait plus sur les routes que des ennemis, lorsque plus aucun train de chemin de fer ne marchait dans ces lieux abandonnés, une locomotive, chauffée expressément pour ces hommes dévoués, était lancée à une vitesse de 70 kilomètres à l'heure, avec un seul wagon blindé, sur des rails rongés par la rouille, jusque près des lignes prussiennes. Là, ils lâchaient leurs pigeons de course, avec les dépêches officielles attachées à une plume caudale; et la locomotive, immédiatement après, rebroussait chemin le plus vite possible. Plusieurs fois ils furent assaillis par des fusillades parties des avant-postes prussiens; mais cela ne les empêcha pas de lâcher leurs messagers fidèles et de renouveler le lendemain leur audacieuse entreprise. »

Ils en lancèrent ainsi deux cent douze. Mais, surtout pendant les grands froids, beaucoup restèrent en chemin, soit que les mauvais temps les aient contraints de rechercher un refuge en des endroits ou ils ont trouvé la captivité où la mort, soit que des chasseurs et l'ennemi les aient tirés au passage. Soixante-treize seulement rentrèrent dans Paris : neuf en septembre, vingt et un en octobre , vingt-quatre en novembre, treize en décembre, trois en janvier et trois en février. Chacun d'eux toutefois était chargé, grâce au procédé de M. Dagron, de toutes les dépêches précédemment envoyées ; le gouvernement de Paris reçut au moins cinq ou six fois les copies de toutes les dépêches, tant officielles que privées, à lui adressées par le gouvernement de Tours et de Bordeaux.

Si l'on n'avait d'ailleurs employé que des pigeons de vraie race de course, il est présumable qu'un bien plus grand nombre, la grande majorité serait retournée au colombier. Pour le démontrer M. de Roo cite le fait suivant. En 1874, le Comité de l'exposition d'économie domestique avait organisé au palais de l'Industrie un lâcher de cinq cents pigeons voyageurs de la Société péristérophile de Courtrai [1]. A six heures quarante-cinq minutes du matin, les cinq cents pigeons furent lâchés : à deux heures du soir, deux cents oiseaux étaient rentrés à Courtrai, et les trois cents autres rentrèrent tous, *sans exception aucune*, avant cinq heures du soir.

Le résultat obtenu, même dans ces conditions défavorables , où rien n'avait pu être prévu d'avance ni préparé, fut cependaut encore, on peut le dire, vraiment merveilleux. Cent quinze mille dépêches officielles et un million de dépê-

---

1. Tout dernièrement (septembre 1879), un lâcher semblable, mais de 2,000 pigeons, a été organisé à la même occasion au palais de l'Industrie ; l'un de ces pigeons, partis à 10 heures, était de retour à Bruxelles à 1 heure 53 min., en 3 heures et demie.

ches privées et de mandats de poste photomicroscopiques furent en somme réellement introduits avec célérité dans la ville assiégée. Les pigeons voyageurs ont donc rendu des services considérables. Et quand ils n'auraient fait autre chose que d'apporter de temps en temps quelque soulagement à notre angoisse et à nos misères et de faire retentir dans notre tombeau, si glacé, si lugubre et si muet vers la fin, quelque vivante parole du dehors, nous devrions encore de la reconnaissance à ceux qui nous les ont donnés. Envers eux-mêmes, pauvres et touchantes bêtes ! nous nous sommes pourtant montrés bien oublieux et ingrats. Tous ceux qui avaient été acquis par l'État furent vendus aux enchères, au dépôt du Mobilier, rue des Écoles [1]. Bien que chacun d'eux rappelât quelque fait de l'histoire ou quelque dramatique épisode, ils furent adjugés au prix moyen de 1 fr. 50. Deux seulement, qui avaient fait trois fois le voyage, furent assez vivement disputés et rachetés par leurs primitifs propriétaires au prix de 26 francs. Il eût encore été plus digne de ne pas les laisser survivre à leur gloire et de conserver leur corps, comme l'avait fait jadis la Hollande affranchie.

III. Le gouvernement français, en dépit du succès de cette grande épreuve, ne songeait pas le moins du monde à se préparer pour l'avenir l'organisation d'une poste par pigeon. Peut-être

[1]. Pendant la dernière période du siège, les pigeons étant devenus fort rares, l'administration comptait pour chaque tête, au propriétaire, lors du départ, la somme de cent francs, qui lui était acquise quand bien même le pigeon ne revenait pas.

qu'aucun gouvernement n'y aurait songé sans la propagande persévérante d'un colombophile belge distingué, que nous avons déjà cité bien des fois. Dès l'année 1870 (10 décembre), étant à Bruxelles, M. La Perre de Roo se mit en relation avec le ministre de Russie dans cette ville et lui communiqua « l'idée d'établir des colombiers militaires dans toutes les forteresses du monde ». Le gouvenement russe se montra favorable à cette idée, et après quelques pourparlers il en établit en effet, paraît-il, avec succès dans *toute la Russie* [1].

En 1872, M. de Bismarck, ayant reçu de la Flandre un certain nombre de magnifiques pigeons voyageurs, s'occupa aussi de faire établir des colombiers dans les principales forteresses. Cologne, Metz et Strasbourg furent tout d'abord désignés pour en recevoir, puis, de l'autre côté de l'empire, Kœnigsberg, Posen et Thorn [2].

Le 1ᵉʳ mars 1874, une vente publique de soixante-cinq pigeons voyageurs eut lieu à Bruxelles. Des agents allemands en acquirent la presque totalité au prix moyen de 65 francs. Huit d'entre eux dépassèrent 100 francs : et l'un d'eux fut même vendu 240 francs.

L'Italie, l'Angleterre, l'Autriche, le Portugal, l'Espagne, la Roumanie, ont fait dans l'intervalle, chacun à leur tour, des installations régulières de pigeons voyageurs, soit pour les forteresses de terre, soit pour les phares, soit pour les bateaux garde-côtes.

---

1. On nous permettra d'élever quelques doutes à ce sujet.

2. Voir, pour les détails de cette organisation très soignée, M. La Perre de Roo, p. 111.

En France, le gouvernement a longtemps refusé de s'occuper d'installations semblables. Enfin M. La Perre de Roo réussit à faire accepter, *à titre gratuit*, quatre cent vingt pigeons voyageurs des colombiers de MM. Florent Joostens, Georges d'Hanis et du sien. M. le ministre de la guerre a chargé l'administration des postes de faire construire un colombier. Ce colombier, d'ailleurs magnifique et qui arrête l'attention de tous les visiteurs du jardin d'acclimatation, était achevé au commencement de l'année dernière (1878). Il peut tenir au moins deux cents couples.

Les pigeons qui y sont élevés pourront à volonté être répartis entre diverses places fortes.

Plusieurs grands journaux de Paris ont organisé pendant quelque temps une poste par pigeons entre Paris et Versailles.

Beaucoup d'amateurs distingués se sont aussi occupés d'en élever chez eux. Et il s'est fondé depuis la guerre une vingtaine de Sociétés colombophiles.

Mais en Belgique, où il n'y en avait pas une seule il y a un demi-siècle, on en compte aujourd'hui plus de neuf cents. Elles y sont encouragées par des subsides du gouvernement et des municipalités. En 1872 seulement, la Belgique a organisé neuf cent quatre-vingts concours, auxquels cent cinquante quatre mille sept cent vingt pigeons ont pris part, se disputant dix neuf mille trois cent quarante prix, d'une valeur de quatre cent soixante-cinq mille francs. Aussi on y estime le nombre des pigeons voyageurs à 600 000, valant ensemble plus de 15 millions.

Nous avons été de nos jours frappés par tant de merveilles industrielles sorties d'un coup et tout entières du génie de l'homme, qu'il ne nous reste pas toujours beaucoup d'étonnement et d'admiration pour les merveilles de la nature.

Est-ce que le pigeon voyageur pourra jamais lutter de vitesse avec notre télégraphe? Est-ce que nous n'avons pas quelque secret espoir de pouvoir mettre un jour par l'électricité n'importe quelle forteresse investie, d'une manière aussi invisible que sûre, en communication avec le dehors? Est-ce que même nous n'envisageons pas comme une chose possible le transport régulier à travers les airs? M. Marey, en terminant la préface de son remarquable livre sur la locomotion terrestre et aérienne, dit à ce sujet : « Nous espérons que le lecteur qui voudra suivre les recherches expérimentales exposées dans ce livre en retirera cette conviction : que bien des impossibilités d'aujourd'hui n'ont besoin, pour être réalisées, que d'un peu de temps et de beaucoup d'efforts [1]. »

M. Pettigrew formule la même conclusion [2].

L'utilité des pigeons, si précieuses que soient leurs qualités, n'est plus pour nous que contingente et tout à fait provisoire. Qu'on songe pourtant à la rapidité de leur vol!

La vitesse de propulsion des plus fins voiliers, comme le martinet, est, en plein essor, d'après l'estimation de certains naturalistes, de 80 lieues à l'heure. Mais pour un vol soutenu, dans les grandes excursions, celle de toutes les espèces bien douées est évaluée en moyenne à 15 ou 20 lieues à l'heure. On cite, depuis longtemps,

---

1. *La machine animale*, 1 vol. in-8°, de la *Biblioth. scient. internat.* Paris, 1873.
2. *La locomotion chez les animaux.* 1 vol., *Biblioth. scient. internat.* Paris, 1873.

comme une merveille, les deux faits suivants. Le faucon de Henri II, s'étant un jour emporté après une outarde canepetière à Fontainebleau, fut pris le lendemain à Malte et reconnu à son collier. Un autre faucon, envoyé au duc de Parme, revint en seize heures d'Andalousie à l'île de Ténériffe ; ce qui fait, pour un trajet de deux cent cinquante lieues, près de seize lieues à l'heure.

Les pigeons franchissent fréquemment des distances de près de cent lieues avec une vitesse de 8 à 10 lieues à l'heure. Leur vitesse moyenne est d'un kilomètre par minute, et elle augmente ou diminue selon que les distances à franchir sont moins ou plus grandes.

Dans un concours de jeunes pigeons anversois de l'année en 1872, le lâcher ayant eu lieu au Mans, à 5 h. 30 du matin, le premier des quatre cents pigeons arriva à Anvers le même jour à 12 h. 56 de l'après-midi, ayant accompli son trajet de 465 kilomètres en ligne droite dans l'espace de 446 minutes, soit 1,040 mètres par minute ; de 12 h. 56 à 2 h. 2, cent cinquante autres jeunes pigeons rentrèrent au colombier, avec une vitesse moyenne de 877 mètres par minute. Dans un concours de vieux pigeons anversois, également en 1872, le lâcher ayant lieu à Châteauroux à 5 h. du matin, le premier pigeon fut de retour à 2 h. 10, ayant parcouru 525 kilomètres en 430 minutes, soit 1,206 mètres par minute *ou 9 1/4 lieues à l'heure pour une distance de 131 lieues.*

Nous transcrivons de l'ouvrage de M. Gobin les vitesses maxima suivantes :

Le 7 août 1862, un pigeon de la Société *la Concorde*, de Liège, lâché à Saint-Sébastien (Espagne), rentrait le même jour à son colombier, ayant accompli environ 980 kilomètres ou **244 lieues**

dans un espace maximum de 16 heures de temps,
soit **15 lieues** à l'heure ou **2,040 mètres** par
minute. Un pigeon de la Société *l'Hirondelle*, de
Dison, fit le 9 juillet 1854 le trajet de Paris à son
colombier en 4 h. 20, soit 1,230 mètres par minute ; un autre de la même Société, en 1860, fit
celui de Blois à Dizon en 4 h. 46, soit **1,620 mètres** par minute ; de Châteauroux à Bruxelles,
en 1857 société *Union et Progrès*, en 7 h. 14
(1,320 mètres par minute); de Tours et Verviers,
en 1854, Société *la Colombe*, en 8 h. 22 (1250 mètres par minute); de Châtellerault à Verviers,
en 1856, Société du *Saint-Esprit*, en 8 h. 7 (1,325
mètres par minute); de Poitiers à Verviers, en
1855, en 8 h. 22 (1,195 mètres par minute); de
La Réole à Verviers, en 1857, Société *la Colombe*,
en 12 h. 23 (1,072 mètres par minute).

Nos chemins de fer atteignent et dépassent ces
vitesses absolument. Mais dans l'immobilité de
l'Orient, où l'on n'avait pas la moindre idée d'une
vitesse supérieure à celle d'un cheval à la course,
le pigeon causait, on le comprend, un véritable
émerveillement. « Dans la rapidité merveilleuse
de leur vol, dit un auteur arabe, ils devancent les
vents ; aussi prompts qu'un clin d'œil, du matin
au soir ils apportent sous leurs ailes, par une
course rapide, les nouvelles de ce qui se passe
dans des lieux éloignés d'un mois de route. »

Le pigeon non seulement vole vite et d'une
manière soutenue ; mais, à peine lâché, il n'a
qu'un souci : être de retour à son colombier. Et
rien ne peut le distraire de cette préoccupation.
« Les pigeons qui portent des lettres, dit un autre
écrivain de l'Orient, sont une merveille de la toute-
puissance divine, digne de notre admiration et de
nos hommages. Comment pourrions nous ne pas

admirer en eux 'ouvrage du Tout-Puissant, puisque dans le plus court espace de temps ils rendent une lettre que le courrier le plus diligent ne pourrait apporter qu'en plusieurs jours. Ils ne se lassent point de remplir leur service et surpassent tout ce que l'on peut imaginer par leur célérité à transmettre des nouvelles; remplissant fidèlement la commission dont ils sont chargés, ils confirment le proverbe qui leur donne la dénomination d'*oiseaux d'heureux présage.* Certes ils l'emportent de beaucoup sur les messagers terrestres; les nuages sont leurs rênes; l'air est la carrière qu'ils parcourent; leurs ailes sont leur monture; les vents leur escorte. Ils ne redoutent dans les routes ni les brigands des déserts, ni les dangers des passages périlleux. »

La sûreté et l'espèce d'obstination avec lesquelles le pigeon retourne toujours à son nid, s'orientant de n'importe quel côté des points de l'horizon, apparaissaient positivement comme particulières à l'espèce et inexplicables. Et c'est encore sous le même jour qu'on les envisage aujourd'hui. Nombre d'autres oiseaux pourtant ne montrent point à cet égard des dispositions moins frappantes. Nous avons vu les Romains employer l'hirondelle comme messagère. Elle aussi sait s'orienter et retourner à son nid.

Le pigeon, à notre point de vue, lui est supérieur de beaucoup, mais seulement en ceci qu'il nous est assujetti, que nous l'avons à volonté sous la main, et qu'ainsi il est un serviteur plus commode, plus sûr et plus fidèle. Mais l'instinct de retour et la faculté d'orientation que nous lui voyons ne sont-ils pas développés au plus haut degré chez tous les oiseaux migrateurs? Lui-même, à l'état sauvage, n'est-il pas essentiellement migrateur? Ne peut-on pas dès lors envisager ses qualités comme étant à la fois une adaptation, une application des instincts primordiaux qui président aux migrations? Ces dernières ont, en tout cas, elles aussi, pour principe essentiel, le retour au nid après la recherche de la subsistance.

CHAPITRE III

DES MIGRATIONS EN GÉNÉRAL ET DE L'ORIGINE DE LA FACULTÉ D'ORIENTATION

Les migrations des animaux. — Des deux genres de migration. — Objet et résultat des migrations périodiques. — Rôle des migrations dans les temps géologiques. — Origine des migrations périodiques et de la faculté d'orientation [1].

Il n'est pas bien sûr que l'on s'entende toujours sur le sens variable de ce mot de migration. On s'en sert du moins pour désigner un ensemble de phénomènes qui ne sont pas de la même nature et qui n'ont pas la même portée.

Tous les animaux se déplacent, soit pour s'assurer de leur nourriture, soit pour satisfaire au besoin de la reproduction. Mais certains de ces déplacements se font avec une régularité qui coïncide remarquablement avec les grandes variations atmosphériques et embrassent surtout

1. Ce chapitre est presque entièrement composé d'un article paru en feuilleton dans la *République française* du 2 septembre 1879.

de très grandes étendues. C'est à eux que s'applique communément le nom de migration. Des espèces entières abandonnent subitement des régions du globe pour se transporter dans d'autres. Mais ce départ n'est point sans retour. Loin de là. Nombre d'espèces retournent là d'où elles étaient venues sitôt le temps de la reproduction passé. Nombre d'autres, plusieurs espèces d'oiseaux du moins, nichent et se reproduisent dans les deux régions qu'elles habitent alternativement. Nous n'avons assurément aucune raison pour les regarder comme originaires de l'une de ces régions plutôt que de l'autre. Nous ne savons pas quelle est celle des deux qui les a vues la première apparaître.

Peut-on alors assimiler ces régions ensemble à l'aire géographique des autres espèces? Il est impossible de ne pas établir entre elles au moins une distinction.

L'aire géographique d'une espèce est l'étendue qu'occupe cette espèce d'une manière continue. Elle est déterminée, agrandie ou diminuée par le plus ou moins d'extension de l'espèce qui, se multipliant et poussée par la concurrence, fait lentement effort pour s'adapter aux conditions de vie des lieux voisins de son habitat. Plus elle est vaste, plus l'espèce, toutes choses égales, est soumise à des adaptations plus variées, exposée à voir son unité brisée. Quel est, au contraire, le résultat, l'objet le plus général des grandes migrations d'oiseaux par exemple? De permettre à ces animaux d'échapper dans une certaine mesure à la nécessité de s'accommoder de changements dans leur nourriture et leur climat et de s'adapter à des conditions de milieu de plus en plus différentes en se répandant d'une manière continue de plus en plus loin de leur centre primitif. Franchissant d'un coup de très grandes distances, ils retrouvent alternativement sous des cieux différents la même nature. Ils peuvent être plus cosmopolites sans aucune aptitude à l'acclimatement. Et les variations presque incessantes de leur distribution géographique ont précisément pour résultat le plus clair de leur assurer une plus grande uniformité relative dans les influences extérieures.

En même temps que ces déplacements, rapides et périodiques, il s'en fait d'autres lentement et sans retour, qui sont la suite de changements durables et profonds dans la nature d'une région. Ainsi, par exemple, par suite seulement de l'extension des cultures, du déboisement, etc., certaines espèces d'oiseaux peuvent cesser peu à peu de séjourner chez nous et nous abandonner tout à fait. La grande majorité des espèces terrestres n'opèrent que des déplacements de cette nature. Nous savons ainsi que le renne, qui habitait nos contrées pendant l'époque quaternaire, s'est peu à peu confiné dans le Nord pendant que d'autres espèces se réfugiaient sur les hauteurs.

De rtels déplacements, qui se font à la suite d'une extension en un seul sens, modifient ou transposent complètement l'aire géographique des espèces... Ils réclament aussi un long espace de temps et embrassent même des périodes géologiques entières.

On leur applique également le nom de migration.

Ils posent à la paléontologie les problèmes les plus intéressants : ceux qui concernent les relations anciennes des continents entre eux et la filiation des espèces.

Dans un précédent article [1] sur les premiers vertébrés terrestres, nous avons mentionné, d'après M. Gaudry, la découverte dans le permien du Texas (Amérique) de vertèbres semblables à celles d'un reptilien du permien d'Autun (France), l'*Actinodon,* rappelant en un point fondamental l'*Archegosaurus* du permien d'Allemagne. Et nous nous sommes borné à tirer de ce fait la conclusion formulée par M. Gaudry lui-même que « vers la même période des temps géologiques en Amérique, en Allemagne et en France, des animaux se sont trouvés dans un même état d'évolution ».

Les connaissances fragmentaires que peut nous fournir la paléontologie ne nous permettront guère, en effet, d'affirmer avec certitude que telle forme organique a apparu d'abord en telle région pour se répandre ensuite partout où on la retrouve. On ne sait pas non plus si une même forme organique n'a pas pu se produire isolément dans des centres différents. Des savants distingués admettent que des contrées où le champ de la concurrence est assez étendu ont vu, après leur isolemeent, leur faune suivre une évolution paralléle à celle des autres faunes. L'Amérique, par rapport à l'Europe, présente, peut-être, dans ce sens, des faits assez probants. En est-il aussi de même de l'Australie, par exemple, bien connue pour la nature spèciale de sa faune? M. Wallace nous assure que les marsupiaux australiens n'ont absolument rien eu à faire à aucune époque avec ceux de l'Amérique. M. C. Vogt [2] pense aussi que les uns et les

1. Voir la *République française* du 29 avril 1879.
2. *Les migrations des animaux* (*Revue scient.* du 5 et du 19 avril 1879).

autres doivent provenir en tout cas de deux souches séparées depuis le commencement de l'époque tertiaire au moins. Soit. Descendants d'un ancêtre commun, ils ont divergé chacun de leur côté, selon une sorte de parallélisme. Mais n'est-il pas évident que l'évolution de la faune australienne qu'ils caractérisent est restée en retard sur toutes les autres et qu'il en serait tout autrement si le continent australien n'était pas resté lui-même séparé des autres continents depuis l'époque de leur apparition? Si donc pendant certaines périodes il a pu se produire dans chacun des hémisphères « un développement isolé en grande partie parallèle », il ne semble pas que ce parallélisme ait pu jamais se prolonger longtemps. Il paraît au contraire ne résulter que de l'impulsion reçue d'une source commune et qui ne tarde pas à s'épuiser. Cependant M. C. Vogt pense que la ressemblance de certaines formes organiques dans les deux hémisphères peut s'expliquer non seulement par un parallélisme de développement, mais même encore par une convergence de types d'abord dérivés de souches primitives multiples.

« Les souches, à mon avis, dit-il, se sont rapprochées souvent pendant leur développement et ont produit à la fin des formes très rapprochées, quelquefois même identiques, en partant de points d'origine assez éloignés. Les lignées convergentes des chevaux se laissent poursuivre en continuité parfaite dans l'Amérique, depuis l'*Eohippus* jusqu'à l'*Equus curvidens* du post-pliocène, et avec un peu moins de continuité dans l'ancien monde, depuis l'*Anchiterium* jusqu'aux chevaux et aux zèbres de l'époque actuelle; or les descendants se ressemblent plus que les ancêtres.

« Les tapirs ont également deux lignées, commençant par les *Helaletes* et *Hyrachyus* en Amérique, par les *Nophiodontes* en Europe, et aboutis-
sant, l'une, occidentale, aux tapirs et aux *Elasmo-
gnatus*; l'autre, orientale, au tapir à schabraque.
Les suidés se continuent en Amérique depuis
l'*Eophyus* jusqu'aux pécaris, dans l'ancien monde,
des *Potamochœrus* aux porcs et cochons actuels.
En un mot, dès que l'on parvient à démontrer
des séries ancestrales continues, on découvre en
même temps une dissemblance primitive plus considérable et un rapprochement terminal évident
de ces séries. »

Ce n'est là, nous le craignons, qu'une pure vue
de l'esprit, qu'une connaissance un tant soit peu
complète des changements géologiques et des
faunes disparues modifierait sans doute considé-
rablement. Dans l'immensité des temps géologiques, l'origine des types spécifiques peut nous
paraître multiple comme la production des di-
vergences de même degré, simultanée et presque
soudaine. Rien ne nous préserve de l'erreur qui
consisterait à prendre pour ancêtres directs d'un
type donné des collatéraux sans descendance ou
qui ne sont entrés que pour une faible part dans
la création de ce type.

Il ne semble donc pas douteux que la filiation
monophylétique, si impossible qu'elle soit à établir jamais avec certitude, ne doive être consi-
dérée comme la plus philosophique et la plus
vraie.

L'évolution est d'autant plus rapide et se poursuit d'autant plus loin que le champ de la concurrence est plus étendu. Il a fallu, nous le
croyons, la surface entière de notre globe pour
lui faire atteindre le degré où nous la voyons

dans ses diverses régions. La similitude des formes en des centres différents doit donc être expliquée le plus souvent par des migrations. A un autre point de vue, il ne faut pas se borner à attribuer d'une manière vague et générale les changements dans la faune d'une localité à l'évolution des êtres, mais rechercher si ces changements n'ont pas eu leur point de départ ailleurs, s'ils ne sont pas le fait de migrations. De même façon, l'existence de celles-ci défend de regarder l'apparition soudaine d'un groupe animal comme une objection à la doctrine de l'évolution, comme elle défend de regarder aucune localité comme le centre de création de toutes les espèces fossiles qu'elle contient.

Lorsque le mammouth est apparu sur notre sol, le genre éléphant y était depuis longtemps représenté. Si nous n'avions eu de lui que les débris fossiles ordinaires, on aurait très bien pu établir entre lui et ses prédécesseurs de notre sol un rapport de descendance. Or il est à peu près reconnu qu'il nous est venu du nord de l'Asie par migration.

Parmi des mammifères manifestement miocènes et identiques avec ceux du miocène de Pikermi en Grèce et de Sansan en France se trouvent aux collines de Siwalik, dans les Indes, des éléphants et des bœufs qui ne se rencontrent en Europe que dans les terrains pliocènes. Il est permis d'en conclure, à titre provisoire au moins, que les éléphants et les bœufs se sont propagés depuis les Indes jusqu'en Europe, et que cette migration ou plutôt cette extension lente et pénible a demandé un temps considérable.

Mais alors que penser de l'usage de baser la contemporanéité de couches géologiques de con-

trées éloignées sur la similitude de leur faune?...
« Pour les localités très rapprochées et dans les
contrées où on l'a appliquée de préférence, par
exemple dans notre Europe, qui est si petite relativement, la loi de similitude des faunes, dit
M. Vogt, conserverait toute sa valeur comme
preuve de la contemporanéité des couches ; elle
serait au contraire inapplicable pour des contrées très distantes. » Il pense même que l'on
devrait l'appliquer dans un sens tout opposé et
comme preuve de non-contemporanéité. Ce serait
le cas de lui rappeler l'importance qu'il attribue
au parallélisme de développement et à la convergence des types. Mais un aveu d'ignorance est
bien préférable. Si nous ne savons pas laquelle
de deux contrées éloignées à faune semblable a
possédé la première cette faune, nous savons
encore moins si cette faune ne s'est pas répandue
en même temps dans ces deux contrées d'un ou
de plusieurs autres centres à nous inconnus. Ne
voyons-nous pas que nombre de nos espèces européennes se sont répandues de nos jours simulta-
nément en des régions sans aucun rapport entre
elles?

Nous donnerons un exemple de la pétition de
principe si familière que l'on commet à ce propos.
Le terrain silurien était divisé en deux étages ca-
ractérisés chacun par une faune distincte. Or, il
y a déjà plusieurs années (1846), M. Barrande,
dans ses études importantes sur le silurien de la
Bohême, découvrit au-dessous des deux faunes
correspondant à ces étages une troisième faune
sans analogue connue. Il ne rangea pas l'étage
qui la contenait dans le cambrien, parce que
celui-ci était *caractérisé par l'absence de fossiles.*
Il le joignit au silurien. Mais, plus tard, on re-

trouva dans le cambrien d'Angleterre cette faune nouvelle. Quelques géologues s'empressèrent de rejeter comme inutile son nom de cambrien et d'en faire un étage contemporain de l'étage primordial de M. Barrande.

Dans son second étage, M. Barrande a vu apparaître « soudainement » douze types de Céphalopodes. Cette apparition soudaine constitue pour lui l'objection la plus grave que la paléontologie puisse faire aux doctrines évolutionnistes. Or il a pourtant reconnu, démontré l'existence de migrations. Mais, nous dit-on, nous possédons des lambeaux du terrain silurien dans tout l'univers. Et partout la faune seconde renferme les mêmes types génériques ; partout on y rencontre des céphalopodes ; partout, au contraire, la faune primordiale manque de céphalopodes. Mais sur quelle base a-t-on fondé cette distinction des deux faunes ? Sur celle même qu'avait le premier établie M. Barrande : *en première ligne*, on peut l'affirmer, sur la présence ou l'absence des Céphalopodes.

Quoi qu'il en soit, il est bien incontestable pourtant que la similitude des faunes indique pour des régions différentes des relations plus ou moins complexes, directes ou indirectes, puisqu'après tout la durée d'une même époque géologique peut être incommensurable.

Pendant l'époque éocène, on compte 70 genres dans l'ancien monde et autant dans le nouveau. De ce nombre, trois seulement ont été constatés à la fois dans les deux hémisphères. S'il y avait eu entre l'un et l'autre des communications directes, il est plus que probable, il est certain que ce nombre de genres communs serait beaucoup plus élevé. Mais, s'il n'y en a que trois, cela n'est pas

non plus sans cause. Faut-il attribuer cette similitude à un parallélisme dans le développement
d'une ou deux souches communes, appartenant
aux terrains crétacés? Il nous semble, en vérité,
qu'on ne peut à cet égard rien affirmer.

Pendant le miocène, le nombre des genres
communs aux deux hémisphères est beaucoup
plus grand. Faut-il admettre que cela ne peut
être le résultat de migrations, parce que d'autres
genres aussi abondants et souvent plus voyageurs
ne se sont pas répandus en même temps sur l'un
et l'autre? M. Vogt le croit. Cela ne s'accorde pas
avec certaines données de la botanique et de la
géologie qui militent en faveur de relations à
l'époque miocène.

Des relations auraient incontestablement existé,
selon lui, aux époques pliocène et post-pliocène,
des deux côtés de l'Amérique du Nord, par le
détroit de Behring avec la Sibérie, comme par
l'Islande et les îles Feroë et Shetland avec l'Europe. Un grand nombre d'espèces qui datent de
ces époques sont en effet communes à l'Amérique
et sont toutes adaptées à des hivers rigoureux.
L'une de ces espèces, le *bœuf musqué*, nous fournit l'exemple d'une émigration totale. Répandu
autrefois dans toute l'Europe et dans l'Asie septentrionale, il est aujourd'hui un type absolument et exclusivement américain.

Voilà un fait que nous avons pour ainsi dire
sous les yeux. Dans l'immensité des temps géologiques, des faits du même genre ont dû se
produire en nombre incalculable. En faut-il davantage pour nous faire comprendre pourquoi
les espèces se mêlent et se superposent avec une
brusquerie fantaisiste qui déconcerte toutes nos
théories ?

Les migrations des oiseaux qui, d'un bond, pour ainsi dire, peuvent se transporter d'un hémisphère à l'autre, nous découvrent encore mieux [1] les insurmontables difficultés naturelles que rencontrera toujours toute mise en série graduée des espèces d'une région quelconque.

Ces migrations, comme nous l'avons dit, sont de deux sortes. Il nous est indispensable d'insister sur cette distinction. Celles dont nous venons de nous occuper sont surtout de la première sorte. Elles sont communes à *tous* les animaux et aboutissent à étendre ou à changer complètement l'aire géographique des espèces. Les autres, qui sont comme un flux et un reflux dans les limites d'une même aire géographique, sont plus particulières aux poissons et aux oiseaux. Quel en est le principe? Nous l'avons indiqué : le retour au nid après la recherche de la subsistance. Pendant dix-huit années consécutives, Spallanzani a vu les mêmes couples d'hirondelles de fenêtre revenir à leurs anciens nids sans presque s'occuper de les réparer. Depuis des années, toute une bande d'hirondelles s'est installée dans une fabrique du Pas-de-Calais, où elles vivent en termes familiers avec les ouvriers. Mais celles qui y sont nées y ont seules droit de cité. S'il survient une hirondelle étrangère, toute la bande pousse des cris furieux, au point de dominer le bruit des métiers, et en deux ou trois minutes l'intrus est entouré et tué.

1. Sans parler des courants marins qui transportent et établissent sur leur passage une faune chaude au milieu d'une région froide, sans parler des migrations humaines qui ont confondu toutes nos races en un écheveau presque inextricable aujourd'hui.

Le saumon, qui remonte le cours des rivières pour déposer ses œufs, a donné lieu à des observations semblables. Un naturaliste, Deslandes, mit un anneau de cuivre à la queue de douze de ces poissons et leur rendit la liberté dans la rivière d'Auzon, en Bretagne. Bientôt après, ils disparurent tous ; mais l'année suivante on reprit dans le même lieu cinq de ces poissons, la seconde année trois, et l'année d'après trois encore.

L'habitude du retour au nid est elle-même toute primordiale. Mais l'animal, dans la poursuite de sa subsistance, a dû accomplir journellement des voyages de plus en plus grands à mesure que ses moyens de locomotion se developpaient. C'est ainsi, sans aucun doute, qu'il a acquis la merveilleuse faculté d'orientation que l'homme a si facilement utilisée dans le pigeon depuis la plus haute antiquité.

Notre meilleur pigeon messager a besoin d'une éducation préalable pour retourner à son gîte de points éloignés de centaines de kilomètres.

On la lui fait en le lâchant à des distances graduellement plus grandes.

Il ne doit à cet égard subsister aucun doute, et pour cela nous tenons à citer des autorités.

« On aurait tort de croire, dit M. La Perre de Roo, que le pigeon messager, transporté du coup, par exemple, à 1000 kilomètres de son colombier, retournerait instinctivement à son gîte ; *il n'en est absolument rien* : on doit lui faire son éducation et lui apprendre, par étapes progressives, à franchir de grandes distances. » Cependant il a des aptitudes héréditaires qui entrent nécessairement pour beaucoup dans ses qualités personnelles. Il ne s'agit en somme que

de les réveiller et de les développer. Elles se
développent toutes seules aussi, le pigeon se fait
en grande partie son éducation lui-même, lorsqu'on l'oblige à aller chercher sa nourriture aux
champs.

Le 28 août 1875, M. Cassiers transporta d'un
bond à Agen, à 512 kilomètres de Paris, vingt-
deux jeunes pigeons voyageurs, nés en 1875, qui
n'avaient jamais fait que l'étape de Châtellerault,
dont la distance de Paris, à vol d'oiseau, n'est
que de 247 kilomètres. Peu de temps après le
lâcher, un violent orage se déchaîna sur Agen et
se propagea jusqu'aux environs de Paris. Malgré
ce contre-temps, le 4 septembre, treize de ces
pigeons (dont un depuis le 29 à dix heures du
matin) étaient de retour au colombier. M. Cassiers attribue ce succès à ce qu'ils avaient l'habitude d'aller se nourrir aux champs, surtout,
croit-il, parce qu'ils ont pu trouver de la subsistance pendant leur long voyage. Cette habitude
a eu pour nous d'abord ce résultat plus essentiel
d'enraciner plus profondément en eux celle du
retour au colombier et de leur faire acquérir la
faculté d'orientation au degré de sûreté nécessaire.

Et nous voyons par là clairement comment
tous les oiseaux ont acquis la faculté d'orientation en poursuivant leur nourriture, et comment
les oiseaux migrateurs qui vont la chercher dans
les contrées les plus distantes la possèdent à un
degré très élevé qui leur permet de retourner à
leurs nids après des mois d'absence et après avoir
franchi des centaines de lieues.

Mais l'entraînement, qu'on ne s'y trompe pas,
n'a pas pour seul objet ni pour seul résultat de
faire connaître au pigeon telle contrée déterminée

et de lui apprendre à se diriger dans tel sens particulier. Comme la recherche de la nourriture pour les autres, elle réveille, exerce et développe d'une manière générale la faculté d'orientation, qui peut être contrariée selon les régions, mais qui ne l'abandonne plus.

« M. G..., d'Anvers, avait, au mois d'octobre 1874, cédé à un amateur de Hambourg quatre pigeons reproducteurs. L'un de ces pigeons parvint à s'échapper le 2 juin 1875, vers sept heures du soir, et le 5 il rentrait au colombier de M. G...

« Cet intelligent oiseau n'avait jamais été entraîné que dans la direction du midi ; enfermé depuis sept mois dans un colombier, il a néanmoins, et malgré la chaleur intense de ces derniers jours, pris courageusement son vol vers la Belgique, et il est parvenu à rentrer au gîte qui l'avait vu naître.

« Ce fait, dit le journal colombophile qui le rapporte, prouve qu'il n'y a pas que les entraînements qui mettent nos voyageurs sur la trace de leurs colombiers. »

De son côté, M. La Perre de Roo raconte le fait suivant :

« Il y a quelques années, je me rendais d'Anvers à Londres par le bateau à vapeur *le Victor*, dont j'étais l'armateur, lorsqu'un ardent colombophile de Schaerbeek-lez-Bruxelles mit l'occasion à profit pour me remettre un petit panier contenant huit pigeons voyageurs, avec prière de les lâcher à Londres.

« Je m'acquittai avec plaisir de cette commission ; je pris les pigeons à bord de mon steamer, et le lendemain à six heures du matin, après une traversée heureuse, nous arrivâmes devant l'hôpital de Greenwich, près de Londres.

« Le temps était splendide. Cependant, craignant qu'à Londres il n'y eût du brouillard, comme d'habitude, je fis servir à boire et à manger aux pigeons, et je les mis immédiatement en liberté au milieu d'une forêt de mâts de navires qui encombraient la Tamise. Après avoir plané pendant longtemps au-dessus de l'observatoire de Greenwich, ils disparurent à nos regards dans la direction de Londres, et je les croyais perdus ; mais, à mon retour à Bruxelles, j'étais agréablement surpris lorsque les huit voyageurs ailés me furent présentés par leur heureux propriétaire, qui me déclara qu'ils étaient rentrés tous à leur colombier le jour même du lâcher, à sept heures du soir.

« Or ces pigeons n'avaient jamais fait que les voyages du midi de la France à Bruxelles ; ils n'avaient jamais traversé la mer auparavant, et, sans avoir fait les étapes réglementaires de Bruges, Ostende, Douvres, etc., ils avaient été transportés d'un bond à Londres, contrairement à tous les usages en pratique en Belgique. »

Il n'en demeure pas moins, il est vrai, qu'ils retournent avec beaucoup plus de sûreté et de vitesse à leurs colombiers, lorsqu'ils ont été entraînés constamment dans la même direction. Ils partent d'un trait, sans hésitation. Tandis que, si on les lance d'un point nouveau opposé au sens dans lequel ils ont été entraînés, ils s'élèvent à de grandes hauteurs, « font osciller leur bec en tous sens comme pour explorer tous les points de l'horizon, prennent avec hésitation leur vol tantôt dans une direction, tantôt dans une autre, reviennent en arrière, jusqu'à ce qu'enfin on les voie filer résolument dans une direction très souvent opposée à celle qui mène à leur colombier. »

La facilité avec laquelle on peut les observer et expérimenter sur eux a permis d'étudier plus particulièrement chez eux l'exercice de la soi-disant faculté d'orientation. Mais on risquerait de n'en avoir qu'une idée incomplète et même tout à fait erronée si l'on négligeait ce que peuvent nous apprendre sous ce rapport les migrations des autres animaux. Nous y reviendrons donc ultérieurement.

CHAPITRE IV

Au fond de tous les déplacements compris
sous le nom de migrations, on trouve bien en fin
de compte la même cause : la poursuite de la
subsistance et la reproduction. Ils diffèrent toutefois par leur nature et leur résultat. Pour les
déplacements lents et sans retour qui entraînent
des modifications plus ou moins complètes dans

la distribution ou l'aire géographique d'une espèce, nous les mettrons en partie de côté. Ce que nous en avons dit montre que pour les étudier d'une manière un tant soit peu complète, il faudrait connaître la distribution géographique des êtres aux différentes époques géologique. Ils sont du domaine de la paléontologie autant que de celui de la zoologie. Et ce que la paléontologie peut nous en apprendre est en général d'une nature essentiellement hypothétique. La dernière époque géologique nous est seule assez connue pour que les documents qu'elle nous fournit sur eux se présentent à nous comme un ensemble assez complet et assez cohérent. Encore cela n'a-t-il guère lieu que pour l'Europe. Nous les mettrons à profit surtout en traitant des animaux domestiques.

Mais de la présence actuelle d'espèces semblables dans des régions différentes de notre globe on peut conclure à des déplacements antérieurs, des migrations d'un centre plus ou moins indéterminé. Nous pouvons en effet apprécier avec certitude les affinités étroites des espèces vivantes, ce qui n'est pas toujours aisé pour les espèces. fossiles. Et la connaissance plus complète et plus exacte de la configuration de notre globe dans le temps actuel et dans l'époque qui l'a immédiatement précédé nous permet mieux de nous faire quelque idée des relations qui ont pu exister entre ses diverses régions.

Du reste, nombre de déplacements considérables d'espèces ont eu lieu pour ainsi dire sous nos yeux, et nous en connaissons les causes et le mécanisme. Ils s'opèrent souvent à la suite de transports soudains par les courants marins ou aériens et par l'action de l'homme.

Nous **donnerons** quelques détails sur les uns et les autres, en commençant par les groupes d'animaux inférieurs.

Les insectes de l'Asie orientale et de la Chine diffèrent de ceux de l'Europe et de l'Afrique. Dans l'Amérique méridionale, le Pérou et la Nouvelle Grenade n'offrent pas les mêmes espèces que la Guyane, tandis que dans l'Amérique du Nord nombre d'espèces sont identiques à celles de la Grande-Bretagne, et plus on s'avance vers le nord, plus ces espèces sont nombreuses. Cela confirme, comme bien d'autres faits, l'existence mentionnée plus haut de relations entre l'Amérique du Nord et l'Europe aux temps quaternaires.

Lorsque **nous** voyons des espèces répandues dans plusieurs régions isolées et affecter un certain caractère de cosmopolitisme, il nous faut en conclure que ces espèces sont très anciennes, qu'elles ont survécu à de nombreuses révolutions géologiques, et que ces révolutions ont brisé plusieurs fois la continuité de leur aire géographique successive; ou bien que leurs moyens de locomotion et l'étendue de leur aire géographique les ont exposés à des transports en plusieurs sens. Nous ne pouvons de la sorte expliquer au juste comment il se fait par exemple que le papillon *Vanessa cardui* se rencontre à la fois dans l'Europe méridionale, la Barbarie, le Chili et l'Australie, et que notre araignée fileuse (*Ar. domestica*) est répandue sur des parties considérables du globe, dans la zone torride, comme dans les régions tempérées et froides.

Mais il est bien certain que la distribution d'espèces identiques en des contrées séparées n'est point toujours le fait direct de déplacements lents ou de transports soudains à travers les espaces qui les séparent, mais résulte simplement de modifications climatologiques ou géologiques qui ont rompu la continuité de leur aire géographique. Ainsi le *Parnassius Apollo*, dont la patrie propre est la Suède, où il vit dans les plaines et sur les collines peu élevées, se retrouve sur les hauteurs des Alpes, des Pyrénées et même de l'Himalaya. Il n'est pas douteux qu'à l'époque glaciaire cet insecte, comme d'autres animaux dont on a retrouvé les restes, le bouquetin, l'aurochs, les spermophylles, etc., s'étendait d'une manière continue sur la plus grande partie de l'Europe. Le rôle actif de l'espèce a donc uniquement consisté très souvent à s'étendre autour de son centre d'apparition, surtout dans le sens où les conditions extérieures se rapprochaient le plus de celles de ce centre, et cela plus ou moins loin et plus ou moins lentement, selon ses moyens de lomomotion et sa fécondité. Les modifications extérieures ont fait le reste, en hâtant le déplacement de l'espèce rebelle aux changements dans certains sens particuliers, et en la faisant disparaître des points qui lui ont servi d'étapes et, à la fin, de son centre d'extension lui-même. Considérant même tous les changement dont notre globe a été le théâtre, on pourrait peut-être bien dire qu'actuellement aucune espèce n'habite plus son centre primitif d'apparition.

Il est des espèces pourtant qui, malgré de puissants moyens de locomotion, restent confinées dans des cantons étroits, parce que leur existence est liée à celle de certaines plantes qui y poussent. Elles ne se déplacent que si ces plantes se répandent ailleurs. Ainsi, depuis qu'on a multiplié dans le bassin de Paris les plantations de pins, on y trouve la *Lamia œdilis*, insecte du Nord qui lui était auparavant tout à fait étranger.

Les espèces dont les moyens de locomotion sont nuls ou très faibles n'ont pour ainsi dire aucun rôle actif. Le moindre obstacle naturel arrête leur extension, dont la direction est entièrement subordonnée en quelque sorte aux accidents extérieurs. Mendoza, situé au pied des Andes, n'a presque aucune espèce commune avec Santiago, au Chili, placé sous le même parallèle et qui n'en est pas à cinquante lieues de distance en droite ligne. La faune entomologique n'est pas non plus la même sur les deux versants du col du Tende, dans la chaîne des Alpes.

Les déplacements de beaucoup d'espèces sont même tellement passifs, qu'on ne peut plus en quelque sorte les regarder comme des déplacements, encore moins comme des migrations. Ce sont des transports par des agents extérieurs. Les invasions si célèbres des sauterelles ou criquets nous paraissent surtout résulter de simples transports. Ces insectes déposent leurs œufs dans les sables des déserts, surtout ceux de l'Afrique et de l'Asie. Dès que le soleil vient favoriser leur éclosion, les nouveau-nés s'amoncellent par myriades. Et, dès qu'ils ont atteint leur maturité, ils s'élèvent, au moindre souffle, dans les airs, en quête de leur nourriture. Mais c'est le vent qui décide entièrement de leur direction et les entraîne les uns après les autres. C'est le vent qui les emporte parfois à travers tout le canal de Mozambique ou la Méditerranée. Ils s'abattent à la première verdure, sur Madagascar ou l'Italie; mais ils vont plus loin ou restent en route, selon le vent : et, lorsqu'ils se sont abattus, le vent décide encore s'ils périront sur place ou se transporteront plus loin. Cependant, avant de voler, ils s'avancent régulièrement au fur et à mesure qu'ils dévorent toute la verdure, et, lorsqu'ils ont des ailes, ils se font entraîner par le vent dès que la région où ils se trouvent est entièrement dévastée. Ce n'est donc pas tout à fait sans raison qu'on décrit leurs déplacements sous le nom de migration. Nous y reviendrons plus loin.

L'homme est naturellement l'agent le plus actif du transport des insectes. Il a répandu avec lui tout d'abord les parasites attachés à sa personne. Mais c'est sans trop s'en être aperçu qu'il a dispersé d'une façon parfois singulière et toute fortuite le plus grand nombre d'insectes. Ainsi il a apporté à Cayenne dans ses vaisseaux un papillon propre à l'Afrique et à l'Inde équatoriale, le *Nymphalis bolina*. C'est aussi par ses vaisseaux que les termites, grandes fourmis blanches de l'ordre des névroptères, sont venues de l'Afrique australe s'installer dans les environs de Rochefort et de La Rochelle. Nous recommandons à nos lecteurs les pages pittoresques que Michelet a consacrées à ces insectes dans l'*Oiseau* et dans l'*Insecte* [1].

C'est en revanche très volontairement qu'il a transporté un peu partout l'abeille domestique, l'*Apis mellifica* d'Europe. Cet insecte si utile,

1. D'après M. Em. Blanchard, toutefois, ces termites sont de la même espèce que le petit *termite lucifuge*, commun dans les landes de Gascogne, où il s'établit dans les souches de vieux pins.

Dans les pays chauds (Ceylan, côte de Guinée, le Cap, l'Amérique méridionale), le termite atteint une assez forte dimension. La femelle y acquiert, par suite de l'extrême distension de l'abdomen rempli depuis longtemps importé dans l'Afrique du nord, où il est cultivé par les Kabyles, existe aujourd'hui au Brésil, à la Plata, au Chili. Il pullule dans ce dernier pays et y produit sans aucun soin un miel abondant qui fait une concurrence redoutable au miel d'Europe. Dans l'Amérique du Nord, il est redevenu en grande partie sauvage. Mais les Peaux-Rouges regardent ses nids comme des signes de l'approche des Européens. Dans les solitudes de l'ouest, il est en effet comme un avant-coureur des envahissement de notre civilisation.

Les prairies florigènes du continent nord-américain ont favorisé son extension. Ses essaims y sont devenus rapidement très nombreux et ont été loger dans les troncs d'arbres creux des forêts. Il en est qui, dans certaines régions de la Californie, se sont établis dans des crevasses de terre et y ont formé de véritables mines de miel, où les chercheurs de miel trouvent parfois les gâteaux amoncelés sur plusieurs mètres d'épaisseur. Il est probable que dans ces vastes nids il y a plusieurs femelles fécondes, qui, ne se rencontrant jamais, ne peuvent s'entre-détruire.

L'Australie a reçu aussi notre *Apis mellifica* en 1862, par les soins de M. Wilson, et l'a vue de-

d'œufs, un volume inimaginable (2,000 fois le volume du reste de son corps, d'après Sparrman).

A La Rochelle, Rochefort, Tonnay-Charente, Saintes, etc., des maisons entières sont minées par le termite; et on ne le soupçonne pas toujours, les surfaces extérieures étant respectées. La préfecture de La Rochelle est depuis longtemps envahie; à une époque, ses archives ont été détruites. On les enferme aujourd'hui dans des boîtes en zinc.

puis se multiplier rapidement, grâce à l'abondance des fleurs d'eucalyptus. Beaucoup de ses essaims, favorisés par des hivers très doux, y sont retournés à l'état sauvage, logeant dans le creux des arbres ou à l'aisselle des branches. Il y a pourtant des abeilles propres à l'Australie, les trigones. Mais les indigènes sont aussi friands du miel des unes que de celui des autres. Et les unes et les autres vivent souvent côte à côte dans la même cavité d'arbre, séparées seulement par une simple cloison de terre glaise. Mais quand une des deux colonies vient à perdre son couvain, elle ne manque pas de s'en prendre à sa voisine, et alors s'engage un combat qui ne finit que par la destruction de l'une d'entre elles.

Bien que dépourvues d'aiguillons, les petites trigones australiennes ne luttent pas toujours avec désavantage contre la grosse abeille d'Europe, armée du glaive.

Elles s'efforcent de se tenir constamment au-dessus d'elle, pour éviter son terrible aiguillon, et, lui coupant les ailes avec leurs fortes mandibules, la mettent ainsi hors de combat. Au Brésil, près de Bahia, M. Brunet a vu fréquemment des batailles de ce genre entre les mélipones et trigones du pays et nos abeilles. Les mélipones savent suppléer à l'aiguillon qui leur fait défaut et mettre à mort les étrangères par les morsures de leurs mandibules, imprégnées d'une salive brûlante et venimeuse.

N'empêche que nos abeilles se répandent. Si l'homme les a transportées sans leur demander leur avis dans ces régions lointaines, elles payent singulièrement de leur personne pour s'y maintenir et s'y étendre. Elles s'y multiplient et envahissent rapidement. Leur utilité garantit seu-

lement les succès qu'elles conquièrent d'elles-mêmes. Cette utilité est aussi, il est vrai, de bien
des sortes. Auparavant, on était obligé de fournir
chaque année à l'Australie une quantité considérable de graines et de trèfles, parce que les hyménoptères indigènes ne butinaient pas sur cette
légumineuse. Depuis l'introduction de nos abeilles, ces envois ont été tous les jours en diminuant. Et ils sont devenus nuls dès qu'elles ont
été assez abondantes pour assurer la fécondation
de ces fourrages artificiels.

Elles existent aujourd'hui à la Nouvelle-Zélande. Elles ne sont que peu cultivées à la Nou-
velle-Calédonie, qui a reçu des abeilles australiennes, parce que l'abondance du niaouli (*Mela-
leuca viridiflora*) donne au miel une saveur désagréable ; mais elles sont très recherchées à l'île
des Pins, où manque cette plante et où elles produisent un miel d'un goût très aromatique et
très doux. Enfin elles ont été introduites aux îles
Canaries, à Corée, au Sénégal, au Cap, où elles
donnent un miel très parfumé, aux îles Maurice
et de la Réunion, dans les Antilles, notamment à
la Havane, à Haïti, à la Jamaïque, à la Martinique
et aux îles Sandwich.

Des espèces particulières d'abeilles existent
aux Indes et à Java, à Madagascar, en Chine et
au Japon. On parle d'introduire en Europe celle
des Indes et de Java, qui, de taille double de la
nôtre, assurerait mieux avec sa longue trompe la
fécondation du trèfle incarnat.

Les infiniment petits ne se répandent que
grâce à une prolifération considérable et par
des transports souvent inaperçus et d'autant
plus faciles. Ils ne s'étendent pour ainsi pas par
des moyens de locomotion appropriés; ils sont

disséminés. On connaît les dangers et les ruines qu'entraînent quelques-unes de ces disséminations. Le monde, à l'heure qu'il est, ne fait que retentir du bruit des exploits du phylloxera, par exemple, qui, apporté accidentellement chez nous, s'est pris d'un goût terrible et désastreux pour les racines de nos vignes. Sa forme parfaite est celle d'une petite mouche de 1 à 2 millimètres, d'un beau jaune d'or, munie de quatre ailes deux fois plus longues que le corps. Cette mouche sort de terre, s'envole, et pond sans accouplement, quatre à dix œufs dans les duvets des jeunes feuilles et des bourgeons et sur les ceps. Ces œufs sont de deux sortes. Des plus gros sortent des femelles, des plus petits des mâles. Mâles et femelles sont de vrais avortons sans ailes et sans tube digestif, qui meurent après s'être accouplés et après que la femelle a pondu sur le cep, et le cep seul, un œuf dit œuf d'hiver. De cet œuf unique sort au printemps une larve très féconde qui pondra, sans mâle, deux à trois œufs par jour pendant deux mois. Les petits qui en sortent gagnent les racines, et il se produit là plusieurs générations sans accouplement, sans sexe. Leur dissémination se fait donc surtout par le transport des ceps chargés d'œufs d'hiver, et accessoirement, on peut le supposer, par l'entraînement de l'insecte ailé dans les courants aériens.

Les courants aériens portent aussi en tout lieu et par myriades les germes des infusoires. Dès que ces germes rencontrent quelque part des conditions favorables à leur développement, les animalcules apparaissent soudainement, comme par l'effet de générations spontanées.

C'est ainsi que se produisent les fermentations acides et putrides. C'est ainsi également que les êtres vivants et nous-mêmes sommes pénétrés d'animaux et de végétaux microscopiques qui vivent à nos dépens et occasionnent dans notre organisme des perturbations qui peuvent entraîner la mort.

La maladie appelée *muguet* est déterminée par l'introduction dans la membrane muqueuse des voies digestives d'une sorte de champignon microscopique. M. Pasteur a récemment signalé l'existence d'un microbe ressemblant au *Bacterium termo*, qui se développe dans les tissus et y occasionne une abondante formation de pus. Il voyage, pénètre dans le sang et va déterminer dans les organes lointains, comme le foie et le poumon, la production d'abcès métastatiques, de foyers purulents, c'est-à-dire l'infection purulente et la mort. Si on l'injecte en certaine quantité dans le sang, ce résultat est infaillible. Ses germes se trouvent dans toutes nos eaux communes, et il doit être en permanence dans nos hôpitaux.

Il n'y a pas non plus fort longtemps que les recherches et les expériences de MM. Pasteur, Joubert, Paul Bert, ont fait définitivement connaître les infusoires qui engendrent les terribles maladies du charbon. Le premier est la bactéridie charbonneuse proprement dite, que M. Pasteur est arrivé à produire presque instantanément en quantité considérable par la méthode des cultures. Le second est un vibrion de grande taille qui serait visible à l'œil nu s'il était plus épais et moins transparent. Ne pénétrant pas volontiers dans le sang, il se développe dans le tissu cellulaire et les membranes séreuses, y produit du gaz putride, de l'hydrogène et y engendre aussi la septicémie ou maladie putride.

Chose curieuse! ce vibrion périt au contact de l'air. Mais les expériences de M. Paul Bert ont fait découvrir que, dans l'organisme encore vivant, il donne naissance à de petits corpuscules brillants, sortes de graines qui le reproduisent dans les conditions favorables et résistent aux moyens ordinaires de destruction. Un sang charbonneux qui en contenait, soumis d'abord à l'action de l'oxygène sous plusieurs atmosphères, puis à celle de l'alcool pendant quinze mois et à celle de l'alcool phéniqué pendant un mois, conservait encore toutes ses propriétés infectieuses. Ces corpuscules résistent même à l'ébullition prolongée [1] et ne sont tués qu'à 110 degrés. Eux aussi, comme le microbe générateur du pus, ou vibrion pyogène, doivent être à peu près en permanence dans nos hôpitaux. La méthode antiseptique de Lister, qui opère au milieu d'un nuage d'acide phénique pulvérisé, et les pansements ouatés, ne font qu'entraver leur développement. Mais, quand on songe aux conséquences de ce développement, on peut déjà se féliciter hautement de ce résultat.

Les bactéridies charbonneuses sont particulièrement répandues dans les régions de la Beauce et de la Brie, ainsi que le vibrion septique.

Les moutons attrapent le charbon en broutant des herbes mêlées de tiges desséchées qui leur écorchent les lèvres ou la langue.

En étudiant attentivement l'histoire de la peste, dans notre siècle, nous sommes arrivé à nous convaincre que cette maladie épidémique qui se répand si vite et se communique facilement, mais parfois avec des particularités bizarres inexpli-

1. Ils ne sont pas les seuls.

quées, correspondait assez exactement au charbon
des animaux et devait être, elle aussi, produite par
quelque microbe. On peut donc s'attendre à bien
d'autres découvertes dans ce sens. Nous n'en
voulons tirer ici qu'une remarque : c'est que
d'incessants déplacements sont aussi nécessaires
à l'existence des êtres les plus infimes qu'à celle
des plus élevés. Car ce n'est que grâce aux transports qui disséminent leurs germes un peu partout qu'ils rencontrent çà et là les conditions
nécessaires à leur développement [1]. Cela est vrai
même pour les semences de certaines plantes.
Cela est vrai à plus forte raison, pour les êtres
ambigus fixés pour l'existence sur les rochers des
fonds marins.

Au sein des mers, les transports ou migrations
passives ont eu le plus d'importance et jouent
encore le plus grand rôle dans la distribution de
la vie. Les infiniment petits y pullulent d'abord
d'une façon plus visible. Chaque goutte d'eau est
un monde animé sous l'objectif du microscope.
Mais, les infusoires mis de côté, il y a, visibles à
l'œil nu, de prodigieuses quantités de petits êtres.
Dans les mers glaciales, on rencontre souvent de
vastes espaces de 20 à 30 milles marins carrés et
d'une profondeur de plus de 500 mètres, tout
remplis d'animalcules. Le capitaine Scoresby,
voulant donner une idée de leur nombre, estimait
qu'il ne faudrait pas moins de quatre-vingt mille
personnes, travaillant pendant près de cinq mille
ans, pour compter les animaux que renferment

1. Il y a des êtres, comme les tœnias, dont chaque
phase de développement est subordonnée à des déplacements qui exigent un concours de circonstances
particulières.

environ 2 kilom. 50 de cette eau en quelque sorte vivante. Ces myriades d'animaux, mollusques et surtout zoophytes, s'abandonnent ainsi au gré des flots, qui les poussent dans les contrées les plus éloignées. Ils se meuvent sans doute, ils s'agitent, mais... les courants les mènent.

Le voyageur Pœppig parle d'une couche d'eau de mer qu'il observa près du cap Pilarès, laquelle avait 24 milles de long et 7 de large, et présentait dans toute son étendue une couleur d'un rouge foncé produite par une multitude de petits points brillants se mouvant en spirale dans cette masse liquide. Lorsque le navire traversa cette autre mer Rouge, la teinte prit l'aspect du plus beau pourpre, et le sillage se dessina en une ligne rosée. Ch. Darwin fut témoin, dans la mer du Chili, de phénomènes analogues. Il y a peu de temps, si nos souvenirs sont exacts, un navire dans l'océan Indien se trouva tout à coup au milieu d'une vaste étendue d'eau entièrement laiteuse.

Comme les germes de l'air, les animaux disséminés par l'eau se fixent et se développent selon qu'ils rencontrent des circonstances favorables. Le courant aura beau apporter des myriades de larves ou de jeunes animaux, ils périront là où les conditions que peut offrir le sol ne correspondent point à leur habitat. Les balanes ou *glands de mer*, par exemple, pullulent dans les mers du Nord; tous les corps sous-marins solides, les rochers, les pieux plantés dans le sol, etc., en sont couverts. Or il ne se trouve guère de points d'attache pour ces animaux, très mobiles dans leur jeune âge, dans les parages avoisinant l'embouchure de l'Elbe. Le fond de la mer y est formé par une vase molle, extrêmement mobile ; les rivages sont constitués par cette même vase ou par un sable fin. M. Möbius raconte qu'en retirant une bouée flottante placée à l'embouchure de l'Elbe, près Luxhaven, on la trouva couverte de balanes. On compta 1115 individus par pied carré ; la bouée ayant une surface submergée de 43 pieds carrés, il y avait donc plus de 47000 balanes fixées sur cet objet.

On ne pourra jamais calculer combien de millions de balanes doivent avoir perdu la vie sur cette vaste surface de vases, où elles ne pouvaient se fixer, et certes, si des bouées, des pieux, des bateaux-phares n'étaient pas établis dans ces parages, toutes les balanes sans exception seraient mortes, parce que le sol n'est pas propre à leur fixation. Des millions de millions de larves de balanes doivent voyager continuellement depuis les côtes de l'Angleterre et les falaises de la Manche vers l'embouchure de l'Elbe, portées par les courants de la marée et les vents dominants. Presque toutes les larves d'animaux fixés, si elles ont des organes natatoires, ne peuvent s'en servir que pour se soutenir dans l'eau et voyagent en tous sens, de même que les larves de balanes. Excepté les céphalopodes et certains crustacés excellents nageurs, il n'y a même, parmi les animaux marins sans vertèbres, que fort peu d'espèces capables de lutter contre un courant. Or, aux différentes profondeurs de l'océan, il y a différents courants qui transportent avec eux toute une faune, originaire des localités où ils naissent, mais étrangère en quelque sorte aux localités où ils se portent [1].

---

1. Les courants ne transportent pas, d'ailleurs, que des espèces marines. Le grand courant qui, sortant

La distribution et la propagation des espèces au sein des mers ne sont donc subordonnées qu'à leurs facultés d'adaptation et résultent d'une sélection qui ne laisse subsister que les individus qui, par des circonstances à peu près indépendantes de leur action propre, ont été transportés dans des milieux favorables. Les céphalopodes eux-mêmes et les ptéropodes, qui émigrent à de grandes distances, est-ce qu'ils peuvent fixer le but de leur voyage, malgré leur puissance de locomotion?

Mais, pourtant, par suite de la variété des conditions de milieu, parmi les espèces de mollusques par exemple, il n'y en a qu'un certain nombre qui habitent toutes les mers, comme la *Cyprea moneta*, qui peuple à la fois la Méditerranée, les mers du Sud, de la Chine, des Indes et les parages de l'Afrique méridionale. En même temps, leur distribution offre, par suite de cette variété de constitution du lit des eaux et de leurs prédispositions, des particularités singulières en apparence. Ainsi les mollusques des fleuves et des côtes de la région ouest de l'Afrique offrent souvent une complète identité avec ceux des cours d'eau et des mers de la région est. Les Iridines et l'*Anodonta rubens* du Nil se retrouvent

du golfe du Mexique, côtoie l'Amérique septentrionale jusqu'à la hauteur de Terre-Neuve, puis se dirige vers l'Islande, l'Irlande et redescend vers les Açores, entraîne souvent, jusque sur les côtes d'Europe, des troncs d'arbres que le Mississipi avait arrachés dans les parties les plus reculées du nouveau monde et avait charriés jusqu'à la mer; or ces bois sont fréquemment taraudés par des larves d'insectes et peuvent donner attache à des œufs de toute sorte.

au Sénégal, l'*Helix flammea* de Nubie se présente sur les bords de la Gambie [1].

En revanche, on voit des régions maritimes immenses occupées par une même faune. L'ensemble des eaux dont sont baignés l'Australie, la Nouvelle-Zélande, l'archipel Malais, la Chine et le Japon, forme une de ces régions. Et, suivant les directions des courants, cette région se resserre ou s'agrandit. Certaines espèces de l'océan Indien sont portées jusqu'au Japon. Et, de l'archipel Malais, la faune des mers polynésiennes pousse des reconnaissances jusque dans la mer Rouge et sur la côte orientale d'Afrique. En sorte que, le long d'une bande qui n'embrasse pas moins des trois quarts de la circonférence du globe et recouvre 60 degrés de latitude, se retrouvent généralement les mêmes poissons et les mêmes mollusques. Le cap de Bonne-Espérance forme comme la grande barrière à laquelle vient se terminer ce gigantesque empire. Un très petit nombre de poissons de l'océan Pacifique pénètrent dans l'Atlantique, qui dans l'hémisphère austral forme deux provinces [2] par suite des grandes profondeurs qui séparent l'Amérique de l'Afrique.

Pourtant, lorsque la tempête fait sortir des

1. De même, l'hippocampe, qui appartient à presque toutes les mers de la zone tempérée, ne se montre pas dans la mer Baltique. Le brochet, qu'on trouve à la fois dans l'Europe moyenne et boréale, dans toute l'Asie du nord, est absent des rivières du Kamtschatka.

2. Au nord, au contraire, les espèces identiques comme le saumon, sont très nombreuses entre l'Europe et l'Amérique; et les espèces du Nord reparaissent au delà des tropiques.

profondeurs des mers les poissons qui se dérobent à la vue de l'homme, on pêche par exemple sur les côtes du Groënland deux espèces de gades ou morues que l'on a retrouvées sur celles de la Nouvelle-Zélande et de l'Australie. De même, les faunes crustacéennes de la mer du Japon et de la Méditérannée, celles de la Nouvelle-Zélande et des mers britanniques offrent entre elles une grande affinité.

Tous les faits de ce genre ne sont sans doute pas le résultat des migrations plus ou moins passives ou des transports actuels. Il en est évidemment parmi eux qui sont des témoins d'anciennes distributions géographiques et résultent de déplacements lents qui ont suivi les révolutions du globe.

Ainsi la mer Caspienne est habitée en partie par des espèces propres à la mer Noire.

Des lacs et des cours d'eau placés sous la même latitude ont les mêmes espèces, bien que sans communications entre eux. Ainsi le lac de Tibériade renferme beaucoup d'espèces habitant le Nil et plusieurs autres qui se rencontrent dans les lacs et les rivières de l'Afrique orientale. Ces espèces dérivent d'ancêtres communs qui, après un lent déplacement qui les a séparés, ont conservé les mêmes formes dans des milieux identiques, à moins que l'on puisse supposer, comme c'est le cas, que lacs et rivières ont autrefois communiqué et qu'ils ne sont plus que des parties d'aires géographiques plus ou moins continues.

On ne peut douter par exemple que la présence du phoque au lac Baïkal ne soit la preuve de relations plus ou moins directes et intimes avec les mers du Nord et d'un changement dans l'aire géographique de cet animal, qui s'est en dernier lieu peu à peu déplacée vers le nord.

Le déplacement le plus général et le plus considérable qui se soit effectué dans le cours du temps au sein des mers est celui qui peu à peu a porté les espèces anciennes de la surface dans les profondeurs. On l'a bien constaté lorsqu'au moyen de la drague on a ramené récemment des grandes profondeurs de l'Atlantique des genres qui appartiennent à d'anciennes couches géologiques, et que l'on croyait disparus : tels sont des mollusques comme le *Rhizocrimus* du silurien de New-York, le *Pleurotomaria* [1], rangé d'abord comme un fossile de la période comprise entre le silurien et le tertiaire, etc. Habitant à ces époques reculées sur des fonds élevés, ils ont dû peu à peu, au fur et à mesure que l'atmosphère s'allégeait, se réfugier dans les bas-fonds pour retrouver les pressions d'autrefois.

A côté de ces déplacements qui résultent des phénomènes d'évolution les plus généraux, il s'en est successivement produit d'autres après chaque révolution géologique. Ainsi nous avons des témoins vivants du séjour dans nos régions et de la retraite de toute une faune boréale, à la fin de l'époque quaternaire. Certaines espèces marines de cette faune n'habitent plus que le Nord. D'autres ont gagné aussi les profondeurs où elles retrouvent une température froide assez uniforme.

Nous traiterons dans un chapitre suivant des migrations actives et périodiques des poissons.

---

1. Les appréciations formulées par Agassiz sur ces genres particuliers sont toutefois contestées.

Les reptiles, bien que les touchant de près, passent pour les animaux les plus sédentaires. On sait pourtant que, comme eux, ils sont sujets à être transportés par les courants, du moins certains d'entre eux, comme les crocodiles et les boas. Ils sont aussi quelquefois dispersés par l'action de l'homme, comme les géckos, qui s'introduisent dans les vaisseaux. Les serpents, si confinés dans leur terre natale, nous donnent eux-mêmes des exemples d'extension assez rapide. Plusieurs de nos serpents se retrouvent par exemple dans l'Asie tempérée et jusqu'au Japon. Les espèces de la Malaisie sont souvent absolument identiques à celles de la presqu'île de Malacca, du Bengale, de Ceylan et du nouveau monde. Il est bien curieux d'ailleurs qu'elles font presque totalement défaut dans les nombreuses îles de l'océan Pacifique, ce qui nous paraît un témoignage d'ailleurs superflu de leur âge récent. Le *Python à deux raies*, des Indes, se retrouve depuis les îles de la Sonde, la Chine, Nicobar, jusqu'en Sénégambie.

Les reptiles nous présentent naturellement aussi des témoins vivants de déplacements lents considérables d'aire géographique. Ainsi la grande salamandre du Japon, qui a un mètre de long (*Sieboldia maxima*), rappelle la Salamandre fossile des schistes d'Œningen. Ils nous présentent enfin même des exemples actuels de migrations actives et périodiques. La célèbre *Testudo indica*, tortue des îles Galapagos qui atteint des proportions énormes et souvent le poids de 200 et 300 kilogrammes, se trouve aujourd'hui acclimatée en Californie et sur beaucoup de points de la côte occidentale de l'Amérique du Sud. Or on a tout lieu de la croire provenue de Madagascar,

Les migrations actives ont dû jouer le principal rôle dans cette dispersion.

Les *Trionyx* ou tortues d'eau douce qui se distinguent dans l'Amérique du Nord par leur voracité, dévorant tout, reptiles, oiseaux, jeunes crocodiles et elles-mêmes, étendent leur habitat jusque dans l'archipel Indien, le Gange, l'Euphrate, le Nil.

Les migrations actives sont tout particulièrement le fait des oiseaux. Grâce à leurs rapides et puissants moyens de locomotion, même les déplacements lents qui modifient l'aire géographique de leurs espèces s'opèrent en quelque sorte par voie de migrations actives, puisque la plus grande partie d'entre elles sont cosmopolites dans ce sens, expliqué au chapitre précédent, qu'elles peuvent séjourner dans toutes les contrées sans toujours être obligées de s'adapter à tous les climats.

Que l'agriculture et les autres travaux de l'homme viennent par exemple modifier notablement les conditions d'existence d'une contrée, de l'Europe ou de l'Amérique septentrionale ! Peu à peu, certaines espèces qui la fréquentaient deviendront plus rares. Peu à peu, sans doute, mais annuellement ! Quelques coups d'aile en somme, et, au lieu de séjourner en telle saison dans une région, elles séjourneront dans une autre. Leur aire géographique est donc toujours incertaine et du même coup aussi très étendue.

. On connaît environ 7,000 espèces d'oiseaux réparties sur tout le globe. Dans l'hémisphère septentrional, l'ancien et le nouveau continent comptent, surtout au voisinage des régions arctiques, une foule d'espèces communes ; celles même qui ne le sont pas offrent encore entre elles une frappante analogie. Le nombre des espèces locales va en augmentant à mesure que l'on descend vers les tropiques, où, visiblement, les conditions d'existence étant plus uniformes, les déplacements ont de tout temps été moins fréquents. La seule île de Ceylan aurait ainsi, assure-t-on, 38 espèces particulières. Ce n'est pas à dire qu'il n'y en ait pas de communes à plusieurs régions. Au contraire, et certaines espèces de rapaces et de palmipèdes en particulier se retrouvent dans la plupart des contrées équinoxiales. La *Soubuse* (*Falco pygargus*) hante à la fois l'Afrique, l'Amérique et l'Europe. Le domaine de l'autour commun (*Falco palombarius*) s'étend depuis la France jusqu'en Afrique et en Sibérie. Le vautour arrian appartient à la fois à l'Europe, à l'Afrique et à l'Asie centrale. On a rencontré le faucon ordinaire dans presque toutes les contrées tempérées et chaudes de l'Europe; il s'avance d'un côté jusqu'au cap de Bonne-Espérance, de l'autre jusqu'en Amérique et en Australie. Le héron commun n'est pas moins cosmopolite. Les flamants ou phénicoptères se montrent en Europe, dans l'Hindoustan et au nouveau monde, dans les conditions atmosphériques les plus différentes. On les voit pêcher dans les plus grands fleuves de l'Amérique tropicale et s'élever sur les Andes, à une hauteur qui dépasse 4,000 mètres. Mais ce sont par-dessus tout les palmipèdes de la tribu des longipennes dont le domaine est le plus vaste.

Le pétrel géant se montre depuis le cap Horn jusqu'au Cap de Bonne-Espérance. Diverses espèces de mouettes fréquentent à la fois les mers des deux hémisphères.

Notre moineau commun, répandu depuis l'Europe jusqu'au Bengale, n'est cependant guère

moins cosmopolite. Le corbeau commun (*C. corax*),
qui d'ailleurs est indifférent à la température,
supportant très bien les extrêmes de chaud et
de froid, se rencontre du Groënland au cap de
Bonne-Espérance, de la baie d'Hudson au golfe
du Mexique. Toutes les espèces voisines, la corneille, le corbeau mantelé (*C. cornix*), le freux,
le choucard (à 3,000 mètres dans les Alpes), la
pie, ont aussi des aires très étendues, etc.

On peut dire que presque tous les genres sont
représentés dans toutes les grandes régions de
notre globe. Mais cela n'est pas toujours dû à des
migrations actives. Ainsi l'autruche, qui se rencontre en Afrique depuis le cap de Bonne-Espérance jusque dans les déserts de l'Arabie, est
représentée dans l'Amérique du Sud par le
nandou ou autruche à trois doigts. Or jamais
ces oiseaux n'ont pu franchir les océans. De
même, le casoar à casque se trouve aux Moluques
et dans l'Australie méridionale. Nous ne parlons
là que d'une seule espèce, qui n'a pu gagner ces
deux contrées que de pied ferme à moins qu'elle
y ait été transportée accidentellement.

Mais il est inutile d'insister de nouveau sur la
manière dont se sont effectuées les distributions
de ce genre. Nous avons déjà donné à cet égard
des explications suffisamment catégoriques pour
l'état de nos connaissances.

Les migrations actives et périodiques sont
d'ailleurs, malgré cela, un fait si général parmi
les oiseaux, qu'il est à peu près impossible de
parler avec quelque détail de leur distribution
actuelle sans les faire directement intervenir. Un
très grand nombre d'entre eux ne sont en effet
pour ainsi dire que de passage, dans la plus
grande partie de leur aire géographique. Et ce

serait encore une chose à faire que de distinguer parmi eux ceux qui sont erratiques de ceux qui migrent réellement d'un point déterminé à un autre.

Les migrations actives ont joué aussi un très grand rôle dans la distribution des mammifères. Bien moindre toutefois, puisque la lenteur avec laquelle elles se font le plus souvent ne permet pas de les distinguer des déplacements insensibles. Sans doute des mammifères se portent parfois brusquement en assez grand nombre dans une direction nouvelle. Nous avons de ce fait des exemples bien connus, surtout parmi les petites espèces. Nous avons vu par exemple en nos temps, vers 1727 ou vers le milieu du xvie siècle, d'après des documents récemment découverts, le rat surmulot introduit [1] en Europe, se répandre très rapidement en tous sens et détruire presque entièrement notre espèce pourtant très nombreuse du rat domestique. Il a suivi l'homme partout, et on le rencontre maintenant dans toutes les parties du monde où l'Européen a passé [2], jusque dans les îles les plus arides, perdues au milieu de l'Océan. L'aire géographique de deux espèces a donc été modifiée sous nos yeux d'une façon aussi rapide que considérable. L'action de l'homme, il est vrai, est pour beaucoup dans ce résultat; mais elle fut tout à fait involontaire, et les qualités du surmulot y ont eu la principale part.

1. Des Indes orientales ou de la Perse. Voir plus loin, au chapitre concernant les mammifères.

2. A la Nouvelle-Zélande, il a aussi détruit l'espèce de rat indigène, et les Maoris le comparaient mélancoliquement aux Européens, devant lesquels eux-mêmes ont si rapidement diminué en nombre.

Les brusques migrations actives dont les autres espèces, poussées par l'excès de multiplication ou le manque de nourriture, nous donnent le spectacle, n'ont qu'exceptionnellement des résultats immédiats aussi complets et aussi durables. Plus dépendantes des conditions de leur milieu originaire que les oiseaux, conditions qu'elles ne peuvent rechercher à volonté sous d'autres cieux, elles ne changent pas leur habitat impunément. Et, si quelque révolution en vient modifier la nature, elles ne l'abandonnent que lentement, mais d'une façon définitive. Nous avons déjà cité le cas du renne, qui jusqu'à la fin des temps quaternaires habitait l'Europe occidentale. L'élan habitait la Germanie au temps de César; aujourd'hui, il demeure confiné dans les forêts des provinces méridionales de la Suède et de la Norvège. Mais on le rencontre encore par troupeaux dans l'Oural septentrional et des deux côtés de la mer de Behring, en Amérique et en Asie. Le lynx commun, répandu autrefois dans toute l'Europe, ne se montre plus que dans les Carpathes et les Alpes suisses et françaises. Le chamois et le bouquetin sont dans le même cas. L'antilope saïga, dont le domaine s'étendait jadis du Caucase aux frontières de la Pologne et s'élevait jusqu'au 52° de latitude, ne se rencontre plus que dans les steppes de l'Oural, entre le Don et le Volga, et surtout dans les steppes de la Caspienne.

Ces changements dans l'aire géographique de ces espèces ne se sont pas faits par migrations actives, mais par déplacements lents. Et justement, plus que toutes les autres, ces espèces de mammifères permettent de bien saisir la différence qui existe entre les premières et les seconds. Les modifications climatologiques et autres qui les ont amenés n'ont été ni brusques ni rapides. En sorte qu'à aucun moment ces espèces n'ont été contraintes de quitter en masse et soudainement leur habitat.

Seulement, pendant que les couples qui vivaient plus à l'est trouvaient une existence plus appropriée à leurs mœurs et se multipliaient plus facilement, l'existence et la reproduction difficiles réduisaient peu à peu leur nombre du côté de l'Occident. Le chamois et le bouquetin, qui existent encore dans les Alpes, ne disparaîtront plus par une émigration totale vers les Carpathes, mais en quelque sorte par une extinction partielle pour l'espèce, mais complète pour le groupe isolé. L'aurochs nous présente de nos jours un exemple encore plus frappant de ce mode de déplacement. Répandu autrefois dans toute l'Europe, en Allemagne et en Bohême jusqu'aux temps historiques, il ne se voit plus qu'au Caucase, vers les sources du Kouban, et dans une seule forêt de la Lithuanie, la forêt de Bielowicza. Eh bien, dans ce dernier endroit, il ne subsiste plus en réalité qu'artificiellement. Malgré des lois protectrices et le soin que l'on en a, il ne se reproduit qu'avec peine et ne se multiplie pas. Une courte série d'accidents, si l'on ne se décide pas à l'abandonner à lui-même, suffira pour le faire disparaître.

Le loup au contraire, activement pourchassé depuis des siècles, subsiste encore dans presque toute l'Europe. Mais il a déjà disparu d'Angleterre par extinction, et c'est aussi par extinction qu'il disparaîtra de tout l'Occident dans un avenir qui semble rapproché. Il parcourt cependant, parfois isolément, de très grands espaces.

Le lion existait à une certaine époque en Grèce,

Il y est éteint depuis longtemps. Nous pourrions réunir un très grand nombre de faits de même nature. Mais cela serait en dehors de notre objet; et, comme exemples, ceux que nous avons cités doivent suffire. On comprendra que les déplacements lents jouent encore le plus grand rôle dans la distribution géographique des espèces de mammifères, et que c'est par des déplacements de ce genre qu'elles ont étendu ou changé leur domaine, que le *bœuf musqué* est devenu exclusivement américain, que tant de genres sont devenus communs à plusieurs continents, etc.

Lors même que nous trouvons la même espèce en deux contrées aujourd'hui complètement séparées, cela, malgré ses moyens de locomotion, est le plus souvent le résultat de ces mouvements pour ainsi dire insensibles, et l'on peut regarder ces deux contrées comme deux parties, divisées après coup, d'une même aire géographique. Ainsi toutes les espèces d'oiseaux, d'insectes, de mammifères, des îles de Sumatra, Java, Bornéo sont représentées identiquement ou par des espèces tout à fait voisines dans les parties adjacentes de l'Asie. Cela résulte-t-il de migrations actives? Certains mammifères se mettent en effet volontiers à la nage. Mais, dit M. R. Wallace, « l'éléphant et le tapir de Bornéo, le rhinocéros de Sumatra et l'espèce voisine de Java, le chat des bois de Bornéo et l'espèce longtemps supposée particulière à Java, sont connus pour habiter une partie ou l'autre de l'Asie méridionale. Or pas un de ces grands animaux ne peut avoir passé les bras de mer qui aujourd'hui séparent ces contrées. Leur présence indique donc clairement qu'une communication par terre doit avoir existé entre elles depuis l'origine de ces espèces. » Cette hypothèse a été confirmée par des preuves d'un autre ordre.

Les migrations actives, comprenant des voyages assez étendus accomplis à peu près d'une seule traite, n'ont assurément pas, dans la vie des espèces, cette importance des déplacements lents. Elles n'ont pas toujours surtout pour résultat ces grands changements d'un caractère définitif. Elles sont au contraire dans le rapport le plus étroit avec les migrations périodiques, dont il n'est pas souvent aisé de les distinguer. Nous traiterons donc en même temps des unes et des autres.

Mais, à côté des déplacements lents, les transports, surtout par l'action de l'homme, jouent, comme nous l'avons vu pour le surmulot, et l'abeille, un rôle d'une portée illimitée. Ils peuvent même sembler destinés, dans leur rapport avec l'action destructive que l'homme exerce d'autre part, à modifier complètement la distribution de la population animale de notre globe. Il nous paraît donc indispensable d'arrêter quelques instants l'attention de nos lecteurs sur l'origine et l'extension de nos espèces domestiques d'Europe en faveur desquelles se feront inévitablement tous les changements de ce genre qui pourront survenir [1].

1. Pour de plus amples détails sur la distribution géographique des animaux, il faut consulter l'ouvrage de M. Maury, excellent, quoique déjà en retard sur tant de points : *La terre et l'homme*, la grande publication bien connue de Brehm : *La vie des animaux illustrée;* etc.

CHAPITRE V

MIGRATIONS ET TRANSPORTS DES ANIMAUX
DOMESTIQUES

Représentants quaternaires de nos animaux domestiques en Europe. — Les animaux domestiques de l'époque néolithique. — Des chevaux sauvages en Europe et de leur domestication. — Usage de la domestication introduit par les peuples néolithiques. — Races actuelles de bœufs et de chevaux. Incertitude sur leur lieu d'origine et le centre de leur formation. Chevaux d'Amérique.

La question de l'origine de nos animaux domestiques offre un double intérêt. Elle peut servir à élucider la question même de l'origine des races européennes; mais elle se complique aussi de cette seconde question, et c'est en partie de là que viennent la fréquence et la vivacité des débats qu'elle suscite [1].

1. Ce chapitre est presque entièrement composé d'un article paru dans la *République française* du 17 juin 1879, au moment où cette question était l'objet d'une discussion prolongée au sein de la *Société d'anthropologie* de Paris, et de publications répétées dans diverses *Revues*.

Nous n'avons plus besoin de montrer qu'un grand nombre d'espèces que l'on croyait d'abord apparues avec notre époque géologique actuelle ont, dans l'époque précédente, d'incontestables ancêtres immédiats. Nous devons donc nous demander, sans autre préambule, pour l'étude de notre sujet : 1° si nos espèces domestiques ont des ancêtres directs ou des representants certains dans le terrain quaternaire d'Europe; 2° si ces ancêtres ou ces représentants y ont été domestiqués sur place ou bien si ce n'est que postérieurement et sur leurs descendants européens que s'est opérée la domestication.

Il existait en Europe, en France, avant la fin de l'époque quaternaire, en très grande abondance, plusieurs races de chevaux. Dès cette époque aussi, un bœuf, l'*urus* ou *bos primigenius*, était très répandu. On a retrouvé dans les cavernes de Belgique, en particulier, des débris de chèvre, de sanglier, d'âne; dans celles de Menton, des débris de lièvre et de lapin, etc. [1].

M. le docteur Joly, avec une singulière méthode, rapporte que M. Steenstrup admettait que tous ces animaux, à part le lapin, étaient dès lors au moins dans un état de demi-domesticité.

Nous ne pouvons douter que M. Steenstrup n'apprendrait qu'avec une bien médiocre satisfaction qu'on le met en cause de cette façon. Il est bien vrai qu'il a cru reconnaître dans les cavernes belges, ainsi que M. Dupont d'ailleurs, des restes de mouton. Mais la difficulté qu'il y a à distinguer celui-ci de la chèvre, en l'absence de pièces assez complètes, comme la tête, enlève

1. Voir notre *Homme préhistorique.*

toute certitude à de semblables déterminations.

M. Piette est aujourd'hui un des très rares archéologues qui croient à la demi-domestication de quelques animaux, en particulier du renne et du bœuf. Il l'a appuyée de quelques arguments qui ne sont pas à négliger. M. Joly ne les cite pas. Mais ils n'ont rien de décisif.

M. Joly cite en revanche assez longuement l'opinion de M. Toussaint sur la domesticaton du cheval de Solutré. Il semble ignorer tout à fait que cette opinion a été l'objet d'une réfutation de la part de M. Sanson [1]. Cette réfutation est pourtant connue. Nous pouvons donc passer outre. Mais le cheval de Solutré, on le sait par ses débris osseux et par quelques gravures sur bois de renne, était un animal petit, trapu, à la tête grosse, au poil rude, à la crinière hérissée. Et M. Sanson le rapproche sans hésitation de la variété dite *ardennaise* du cheval belge, dont l'aire géographique, précisément voisine des hauteurs de Solutré, s'étend encore aujourd'hui sur tout le bassin de la Meuse.

Il est singulier que M. Ecker, en cherchant à établir la filiation du cheval quaternaire à notre cheval, ne cite pas ce fait. Il croit, d'ailleurs, pouvoir avancer que les chevaux à demi sauvages de la Camargue, du Davert (vaste forêt près de Munster, en Westphalie), de certains plateaux bavarois, et ceux appelés *Tarpans*, des steppes de la Russie méridionale, ont tous les caractères du cheval de Solutré.

Ce cheval, pour lui, c'est le seul « cheval qua-

1. *Bulletin de la Société d'anthropologie*, octobre et novembre 1874.

ternaire » d'Europe. Nous ne voulons pas nier que nos grands chevaux domestiques nous viennent du dehors. Mais M. Ecker semble ignorer qu'il a été trouvé dans le quaternaire de Grenelle une tête de cheval percheron, et que dans les dépôts quaternaires de la caverne du *Mammouth* (près de Cracovie), par exemple, on a recueilli de très nombreux débris d'un cheval très grand (*Equus caballus Adamiticus.*)

Pour ce qui est de nos races bovines, celle des Pays-Bas descendrait, croit-on, de l'*urus;* celle de Schwytz, en Suisse, du *bos longifrons*, qui n'est peut-être qu'une variété de l'*urus*, mais, en tout cas, une variété formée avant notre époque géologique, ainsi que celle du *bos frontosus* qui se trouve aussi domestiqué à l'époque néolithique.

Le chien eut un représentant avant notre période géologique actuelle dans le *Canis familiaris fossilis*. Il était assez rare en Europe. C'est en lui toutefois que M. de Blainville, d'après M. Joly, aurait été disposé à voir la souche de nos chiens domestiques. M. de Mortillet voit aussi en lui au moins un de leurs ancêtres.

On constate déjà la présence d'un chien au milieu de ces amas de débris de cuisine du Danemark connus sous le nom de *Kjökkenmöddings* et qui passent pour les plus anciens monuments de l'époque néolithique. Il y est seul d'ailleurs. Les auteurs de ces amas offraient cette analogie de plus avec les Fuégiens de n'avoir pas d'autre animal domestique.

De toutes ces considérations il semblerait clairement résulter que la plupart de nos animaux domestiques, au moins le cheval, le bœuf, la chèvre, le porc à longues oreilles, un chien, descendent d'espèces sauvages autochthones, et qu'ils ont été asservis sur notre sol même, sinon avant la fin des temps quaternaires, du moins dans le courant de l'époque néolithique. M. le docteur Joly va même plus loin dans ses conclusions et joint, aux espèces que nous venons d'énumérer, le mouton, le chat, l'âne et le lapin. Mais ce n'est pas à ces considérations seules qu'il faut s'en tenir.

Du moment qu'il demeure établi qu'il n'y a pas eu de domestication en Europe à l'époque quaternaire, nous voyons apparaître avec la pierre polie, non pas précisément tout d'un coup, non pas même peut-être à la fois, mais assez brusquement et au moins dans un ordre de succession rapide, six animaux domestiques : la chèvre, le chien, le bœuf, le *sus*, le cheval et le mouton. De plus, ce n'est pas une, mais deux espèces de chiens qui se montrent ensemble dans les cités lacustres de la Suisse. La première est intermédiaire par la taille et la forme entre le chien de garde et le chien d'arrêt. La seconde, un peu moins ancienne, rappelle notre chien de berger. Il y avait aussi dans ces mêmes cités deux espèces de porcs. Et la seconde, le porc des marais, aux habitudes nocturnes, n'avait pas auparavant d'ancêtres chez nous, d'après M. de Mortillet.

Enfin le cheval, si abondant à l'époque de Solutré, était devenu très rare à la fin des temps quaternaires. Il est vrai d'ajouter que, pour nous au moins, sa domestication dès le début de l'âge de la pierre polie n'est pas absolument certaine.

Mais, d'un autre côté, on ne peut aujourd'hui douter que l'introduction de la civilisation néolithique, avec son industrie, ses monuments, ses croyances religieuses, son organisation sociale, son agriculture, ne soit en grande partie l'œuvre d'un peuple nouveau venu en Occident. L'archéologie et l'anthropologie s'accordent pour faire coïncider avec elle certaines migrations et certains envahissements.

M. de Mortillet a fait tout récemment valoir ces considérations pour soutenir que nos animaux domestiques nous viennent du dehors. Le nombre si grand des variétés actuelles de notre chien implique pour lui une origine multiple, et l'on ne peut voir de ces ancêtres dans le chacal et le loup. Or, aujourd'hui encore, il y a en Asie, dans l'Inde, deux canidés à l'état sauvage qui se rapprochent de lui. Il y en a un autre en Abyssinie, le caméru, dont l'aire géographique s'étend jusqu'au centre de l'Afrique. Les chiens figurés dans les monuments de la troisième et de la quatrième dynastie sont des lévriers. Le caméru d'Abyssinie est justement voisin du lévrier (Isidore Geoffroy Saint-Hilaire).

Si l'on joint à ces faits la présence au sud du Caucase d'un cochon semblable au porc des marais, la facilité avec laquelle nos céréales se conservent à l'état sauvage dans cette région, le goût des habitants de la Perse pour les ornements purement linéaires, qui apparaissent chez nous, à l'exclusion des autres, avec la pierre polie, on arrive à conclure avec M. de Mortillet que la patrie d'origine de nos six principaux animaux domestiques est l'Asie Mineure. C'est de là qu'ils auraient été amenés en Europe tout domestiqués.

Il ne semble pas que, formulée ainsi, cette opinion puisse être acceptée. Tout d'abord, ce serait un cas bien extraordinaire que celui de la domestication presque simultanée de six animaux dans une même région. Mais voyons pourtant ce qu'elle a de fondé.

M. Joly s'efforce de démontrer la très grande ancienneté de certaines espèces domestiques en Orient. Les anciens monuments égyptiens représenteraient non pas une, mais plusieurs races de chiens. Ces chiens seraient, d'après M. Toussaint, un lévrier à oreilles étroites, un doguin, un loup-loup et un chien à oreilles tombantes.

Les peintures de la quatrième dynastie nous montrent les mêmes chèvres aux oreilles tombantes qui existent aujourd'hui en Egypte. Dans d'autres peintures, on voit diverses races de bœufs portant le joug et attelés à la charrue. On y voit même des vaches sans cornes et dont on a lié les jambes, afin de pouvoir les traire, malgré la présence de leur veau laissé à côté d'elles.

D'autre part, on sait fort bien que le mouton, comme la chèvre, le chien, le cochon, le bœuf, était domestique chez les anciens Aryas.

« Nous ne savons, dit M. Joly, sur quels documents précis se fonde M. Petermost pour avancer que, dès l'année 19350 avant Jésus-Christ, les Aryas possédaient le cheval : ce qui paraît certain, c'est qu'il existait en Chine 2,350 ans avant notre ère. »

Nous savons, pour nous, fort bien où M. Petermost a pris cette date de 19350, et nous pouvons dire qu'elle est hypothétique. Mais les calculs d'après lesquels on l'a établie nous font entrevoir une prodigieuse antiquité pour les premiers rudiments de la civilisation en Asie. Des calculs du même genre nous permettent aussi

d'avancer que ce n'est pas 2,350 ans avant notre ère, mais bien avant (17,000 ans, d'après un auteur), que les Chinois ou leurs ancêtres de l'Asie centrale *se servaient* du cheval et connaissaient l'agriculture.

Qu'en ressort-il? Précisément de fortes présomptions contre la thèse générale de M. Joly. Car enfin, à l'époque où nous voyons avec certitude apparaître pour la première fois un groupe d'animaux à l'état domestique en Europe, l'Asie avait depuis longtemps asservi plusieurs de ces mêmes animaux. Et si l'on songe combien la civilisation fut antérieure en Asie et que la fondation des premiers empires ou du moins les agitations qui y ont préludé coïncident à peu près avec l'inauguration de la civilisation néolithique chez nous, on ne peut en être surpris.

Cette grande avance des peuples asiatiques n'est pas due, en effet, seulement aux avantages d'un climat plus propice, mais encore aussi du même coup à l'acquisition plus rapide des éléments agricoles et industriels de la civilisation. Et la possession d'un certain nombre d'animaux asservis est un de ces éléments, non pas le moindre ni le dernier.

Si donc, comme l'anthropologie et l'archéologie tendent à le démontrer encore aujourd'hui, un peuple d'origine orientale a introduit l'industrie néolithique et l'usage de la culture en Europe, ce peuple devait posséder des animaux domestiques. Mais qu'il les ait possédés tous et que des chiens, des bœufs, des porcs, des moutons, de la chèvre et du cheval de l'époque néolithique, aucun ne soit d'origine européenne, cela n'est pas démontré.

Au nord des Carpathes, il y eut une première

phase, pendant laquelle, bien que l'usage de la pierre polie et de la poterie fût répandu, on ne connut pas les animaux domestiques. L'ancienne population autochthone, peu nombreuse et vivant exclusivement de chasse, restait encore maîtresse du sol. La seconde phase fut marquée par l'arrivée simultanée d'une population nouvelle rapidement plus nombreuse et d'animaux domestiques. C'est du moins l'opinion d'archéologues qui ont fait de nombreuses fouilles dans cette région.

Mais, plus au centre de l'Europe, dans les palafittes de la Suisse, si complètement étudiées, les choses se passent, aux yeux d'un grand nombre d'archéologues, comme si la domestication de plusieurs animaux s'était faite sur place. Le chien y est à l'état domestique dans les plus anciennes stations. Il semble en avoir été ainsi du *bos longifrons* et surtout de la chèvre. L'urus et le sanglier n'ont été, au contraire, pense-t-on, l'objet de tentatives fructueuses de domestication que dans le courant ou à la fin de l'époque néolithique. Le mouton le plus ancien, à cornes de chèvre, appelé *mouton des tourbières*, est postérieur à la chèvre, qu'à la longue il supplanta en partie, et il fut lui-même supplanté assez tôt par l'espèce à cornes recourbées, d'un rapport supérieur. La domestication du cheval à cette époque a paru douteuse et même improbable à M. Rütimeyer [1]. Lorsque nous trouvons des preuves certaines de cette domestication, nous sommes à l'époque du bronze, et le cheval alors domesti-

---

1. M. A. Nicaise a récemment recueilli, dans un gisement néolithique, une tête osseuse de cheval. Elle est petite et se rapporte à la race de Solutré.

qué est précisément, d'après **M. Ecker**, un descendant de l'espèce quaternaire autochthone d'Europe. Un mors de bronze de cette époque, qu'on a retrouvé [1], a seulement 9 centimètres 9 d'ouverture, tandis que celui des grands chevaux introduits postérieurement avait de 12 à 15 centimètres.

Le petit cheval de Solutré, un instant très rare, était redevenu abondant. Nous avons vu plus haut que, d'après M. Ecker, des troupes isolées de ses descendants vivent encore aujourd'hui à l'état sauvage. Et ces troupes ne sont pas formées d'animaux autrefois domestiqués [2]. Car, si loin que l'on puisse remonter, on constate l'existence de chevaux à l'état sauvage. Pline rapporte qu'il en existait de son temps, vivant en troupes dans le nord de l'Europe, et il les distingue très nettement des chevaux domestiques. Strabon en signale l'existence dans les Alpes, Varron en Espagne, et Julius Capitolinus les cite parmi les animaux amenés pour les jeux

1. A la palafitte de Mœringen. Cette station a fourni plus de trente mors ou portions de mors. Et on en a trouvé en bien d'autres endroits, mais le plus souvent incomplets. (Voir Ern. Chantre, *L'âge du bronze*, I, 152.)

2. Pour certains auteurs, au contraire, tous les chevaux signalés comme sauvages sont des chevaux domestiques redevenus libres, ou des descendants de chevaux marrons. Ils s'appuient sur ce fait que les robes sont très différentes chez les sujets de toutes les troupes de chevaux libres *observées dans les temps modernes*, tandis que tous les sujets d'une même race d'animaux sauvages portent la même robe. Nous n'avons, selon eux, aucun moyen de reconnaître, dans une troupe à l'état libre, les animaux qui n'ont jamais été domestiqués.

du cirque. Un socle de marbre, qui date de l'époque de Vespasien ou d'Adrien, et que l'on a trouvé en 1862 dans la province de Léon, les compte parmi les animaux auxquels on donnait la chasse.

La capture des chevaux sauvages est le thème favori des chants héroïques des peuples du nord [1]. Au moyen âge, l'usage alimentaire de ce gibier était général, au moins en Allemagne, comme du reste aux époques antérieures. Il fut alors interdit par des motifs religieux, et M. Ecker cite à ce sujet une curieuse lettre du pape Grégoire III à saint Boniface (732), ainsi qu'un ouvrage intitulé *Benedictiones ad mensas*, et composé en l'an 1000, par le moine Ekkehard. Malgré cette prohibition, on trouve encore longtemps après des traces de cet usage. Un Lithuanien, Erasmus Stella, qui écrivait en 1518 un livre : *De Borussiæ antiquitatibus*, dit qu'il existe en Prusse des troupes de chevaux sauvages qui ne se laissent point apprivoiser et dont les habitants mangent la chair. Enfin, Helisœus Rosslin, dont le livre fut imprimé à Strasbourg en 1593, signale aussi la présence de ces animaux dans les montagnes des Vosges.

Outre le mors en bronze trouvé dans les palafittes de la Suisse, deux faits au moins montrent clairement et la domestication de chevaux de cette race autochtone d'Europe et leur domestication en Europe même. Des citations de César et de Pline nous apprennent que les Germains et

1. Mais cela remonte peut-être jusqu'à l'époque des anciens Aryas. *Possesseur*, *dompteur* de chevaux, était le plus enviable des titres aussi bien pour les Perses et les Grecs que pour les Gaulois.

les Gaulois avaient une race de chevaux petits et de peu d'apparence, et que les Gaulois en particulier se procuraient à grands frais des chevaux étrangers de plus grande taille. Voici le second fait. On a déterré dans un tumulus de Tchertomlyk, près de Nikopol, sur le Dniéper (frontière nord de la Tauride), une belle amphore scythique, en argent autrefois doré, qui présente en haut-relief, et « admirablement conservé, si l'on en juge d'après la figure que publie M. Ecker, toute l'histoire de la capture et de la domestication du cheval ». Les animaux représentés ont les mêmes caractères que les *Tarpans*, mentionnés ci-dessus, et qui vivent en troupes nombreuses dans le pays même où l'on a retrouvé l'amphore.

Si à tout cela nous ajoutons ce que nous avons dit de la variété ardennaise du cheval belge, il sera peut-être permis de conclure que, si une race de grands chevaux a été introduite en Europe à une époque qui n'est guère antérieure à l'âge du fer [1], une race au moins de petits chevaux a été formée par l'asservissement *graduel* de chevaux indigènes. Il n'y a pas non plus de motifs suffisants pour ne pas regarder une race au moins de nos chiens comme domestiquée en Europe, par exemple celle des Kjökkenmöddings du Danemark. Mais, pour être assuré de l'origine de chacune de nos espèces domestiques, il faudrait bien connaître l'aire géographique de leurs ancêtres sauvages à l'époque quaternaire. Telle d'entre elles dont on retrouve des restes en une région a pu fort bien avoir son centre d'exten-

1. Trois crânes de ce qu'on est convenu d'appeler le cheval aryen auraient toutefois été découverts dans une station suisse de l'âge du bronze.

sion ailleurs. Malgré quelques apparences, il n'est pas présumable que nos six principales espèces aient eu le même centre d'extension.

Des peuples de l'Asie Mineure ont pu les réunir comme nous réunissons aujourd'hui chez nous le paon de l'Inde, le ver à soie de la Chine, la pintade d'Afrique, le cochon d'Inde d'Amérique, etc. L'antiquité du cheval en Chine, de la vache dans l'Inde et en Egypte, etc., montrerait, si cela était nécessaire, que la domestication, qui ne fut pas l'œuvre d'un seul jour, ne fut pas non plus celle d'un seul peuple. Il nous paraît bien prouvé que l'Asie a possédé la première des animaux domestiques. Mais l'Asie Mineure est trop peu éloignée de l'Europe pour que ses animaux ne s'y soient répandus que brusquement et tous ensemble. Ce que les peuples néolithiques semblent avoir introduit chez nous, c'est donc bien moins peut-être des animaux tout domestiqués que la pratique générale de la domestication nécessaire à l'agriculture.

Mais, nous le répétons, il y a encore dans cette question beaucoup trop de faits douteux ou inconnus. Restant essentiellement préhistorique, puisque nos principaux bestiaux étaient déjà domestiqués à l'aurore des premiers temps historiques, elle est subordonnée à une foule d'autres questions également complexes.

Ce n'est pas à dire que nous ignorons d'une manière générale les lieux d'origine et les aires géographiques actuelles de nos différentes races domestiques. On peut trouver à cet égard des renseignements complets dans le *Traité de zootechnie* [1] de M. André Sanson.

1. Deuxième édit., 3 vol. in-12. Paris, 1874-1878.

D'après lui, il y aurait :

1° Six races de bœufs dolichocéphales, toutes formées en Europe (races des Pays-Bas, germanique, irlandaise, britannique, des Alpes et d'Aquitaine);

2° Six races de bœufs brachycéphales, dont cinq formées en Europe (ibérique, vendéenne, arverne, jurassique, écossaise) et une en Asie, l'*Asiaticus* (aujourd'hui race des steppes), dont le centre aurait été non loin des rivages de la mer de Chine (?), mais qui en Egypte est antérieure à la 4e dynastie, car il est représenté sur les monuments de ce temps;

3° Quatre races de chevaux brachycéphales : l'*Asiaticus* (l'arabe actuel, dont M. Piétrement fait son cheval aryen), l'*Africanus* (le mongolique de M. Piétrement, qui le croit formé en Asie), l'*Hybernicus* ou irlandais, et le Britannicus;

4° Quatre races de chevaux dolichocéphales : le *Germanicus*, le frison, le belge (descendant de celui de Solutré et seul reproduit sur les monuments de la Rome des Césars et de la Gaule) et le séquanais ou percheron.

Mais nous ne savons pas si la création de ces races multiples n'est pas l'œuvre de la domestication même accompagnée des multiples transports effectués par l'homme, si elles ne descendent pas d'ancêtres introduits tout domestiqués.

Et quant aux aires géographiques, nous avonvu combien, par des déplacements lents, les anismaux eux-mêmes les modifient souvent. L'action de l'homme a encore sur elles des effets plus rapides et tout aussi certains. Nous l'avons vu également. Un grand nombre d'animaux domestiques doivent leur extension actuelle à la domestication même. Nos races d'Europe ont été sous nos yeux transportées en Amérique, dans l'Afrique australe, dans l'Australie, à la Nouvelle-Zélande, etc., et elles s'y sont développées et répandues avec rapidité. L'aire géographique du bœuf asiatique, ou bœuf des steppes, embrasse aujourd'hui tout le continent asiatique, les steppes de la Russie ou de la Hongrie, la vallée du Danube, l'Italie centrale et le delta du Rhône ; celle du mouton du Soudan embrasse le Souf saharien, l'Egypte, l'Asie Mineure, la Grèce, l'Italie et l'île de Malte.

Les aires géographiques de certains animaux ont pu ainsi être étendues artificiellement bien avant notre époque actuelle, puisque d'ailleurs tout nous porte à croire que l'homme a réussi à domestiquer certains animaux depuis une prodigieuse antiquité.

Nous disions plus haut que, même après une restitution assez complète des temps préhistoriques, il faudrait connaître l'aire géographique des ancêtres sauvages de nos animaux domestiques à l'époque quaternaire pour pouvoir déterminer le lieu d'origine de ceux-ci.

Ainsi on a trouvé un crâne de cheval percheron dans les sables quaternaires de Grenelle. Cela prouve, nous dit-on, que les chevaux percherons sont une race propre à l'Europe des temps quaternaires, et que, par conséquent, ils n'ont pas été amenés d'Asie tout domestiqués, soit à l'âge du bronze, soit à l'âge de la pierre polie. Nous nous sommes bien gardé d'avancer rien qui soit contraire à cette conclusion. Dans cette forme absolue, est-elle pourtant assez justifiée ? Savons-nous si le cheval percheron n'avait pas alors une aire étendue ou s'il n'avait pas ailleurs que là où on l'a retrouvé son centre primitif d'extension ? Savons-nous s'il n'avait pas déjà changé de domaine ? La présence même enfin de restes fossiles d'ancêtres d'une espèce domestique là même où se trouve aujourd'hui cette espèce nous donne-t-elle la certitude qu'elle a été domestiquée sur place ?

Le cheval existait nombreux à l'époque quaternaire dans l'Amérique. Lorsque les Européens y sont arrivés, il en était entièrement disparu. Mais il s'y trouve de nouveau à l'état domestique et par troupes considérables à l'état sauvage [1].

On ne manquerait apparemment pas d'affirmer malgré certaines différences anatomiques que celui de nos jours descend de celui de l'époque quaternaire domestiqué sur place, si l'histoire nous avait laissé ignorer que le cheval américain actuel a été introduit par les Espagnols il n'y a pas quatre siècles.

[1]. De même que notre bœuf, d'ailleurs. Le coq et la poule, qui ont tous les caractères d'oiseaux indigènes de l'Europe, n'y ont pourtant été introduits qu'à une époque récente. Aristophane, dans sa comédie des *Oiseaux*, appelle encore le coq l'*oiseau de la Perse*. Il est à l'état sauvage dans les Ghates. Le faisan de la Colchide, le dindon de l'Amérique, ne se sont pas aussi complètement acclimatés chez nous.

CHAPITRE VI

MIGRATIONS ACTIVES ET PÉRIODIQUES

Insectes, reptiles, crustacés, amphibies, cétacés
et poissons.

Les migrations périodiques sont dans le rapport le plus étroit avec les besoins de la reproduction, tandis que les migrations actives non périodiques sont plus particulièrement déterminées par les cas de multiplication excessive ou par la nécesssité de rechercher la nourriture à des distances plus ou moins grandes.

Nous avons déjà dit quelques mots des migrations des criquets ou *sauterelles (Acridium peregrinus)* [1]. Chaque femelle de ces insectes pond près de cent œufs. Quand il arrive que les précautions qu'elle prend pour les sauvegarder réussissent, qu'ils échappent à la destruction et que leur éclosion se fait dans des conditions favorables, c'est par milliers qu'ils apparaissent au jour dans un même endroit. Tout ce qui peut leur

1. Ce ne sont pas de vraies sauterelles, malgré cette appellation courante. Les vraies sauterelles forment une famille distincte, la famille des *locustides.*

servir de nourriture est bien rapidement dévoré. Il est alors d'absolue nécessité pour eux de se transporter plus loin. Ils s'enlèvent, et le vent les emporte alors souvent à de grandes distances, les faisant franchir des bras de mer, comme le canal de Mozambique et même la Méditerranée. Ils produisent alors de loin l'effet d'un gros nuage, et leur masse est telle qu'elle offre quelquefois jusqu'à 15 et 16 mètres d'épaisseur. Ils obscurcissent le soleil et produisent dans les airs un bruit assourdissant, analogue à celui du pétillement de la flamme. On a estimé leur nombre à des centaines de millions. Levaillant en a vu dans l'Afrique australe une bande telle que son défilé, obscurcissant complètement le soleil, a duré plus d'une heure.

Le fait suivant, rapporté par Kirby dans un journal américain, fournit une preuve incontestable de l'action des vents comme auxiliaires de la marche des acridiens : « Un vaisseau fut retenu, en 1811, par un calme complet, à deux cents milles des îles Canaries, qui étaient la terre la plus voisine, et se trouva enveloppé par une nuée de criquets. Il s'éleva un léger vent du nord-est, et en même temps il tomba des nues une quantité innombrable de grosses sauterelles qui couvrirent le pont, les hunes et en un mot toutes les parties du bâtiment sur lesquelles elles purent se poser. Loin d'être épuisées, comme on aurait pu le croire, elles s'élançaient en l'air au moment où l'on pensait n'avoir qu'à les prendre : le vent fut très faible durant une heure entière, et les insectes ne cessèrent, pendant ce temps, de tomber sur le navire. Une quantité considérable se noya dans la mer, où on les voyait flotter de toutes parts. »

C'est de la même façon qu'ils s'abattirent un jour en Bessarabie sur l'armée de Charles XII, hommes et chevaux, et arrêtèrent sa marche.

En 1825, leurs œufs, dans les environs d'Odessa, résistèrent pendant l'hiver à un froid de 26° Réaumur.

« Dans les steppes, ils éclosent généralement au mois d'avril, et les petits qui en sortent se réunissent en bandes de trois kilomètres de long sur un mètre de large et s'avancent en détruisant toute l'herbe qui se trouve sur leur passage. Peu à peu ils changent de forme et de couleur, et atteignent, après une série de mues, une taille de deux pouces et demi environ. Leurs ailes, au nombre de quatre, sont alors très développées et leur permettent de se soutenir en l'air pendant des heures entières. A l'état adulte, les acridiens s'attaquent de préférence au maïs, au millet et aux roseaux ; ils dépouillent de leurs feuilles les acacias et les frênes, mais respectent plus ou moins les arbres à feuilles dures, tels que les chênes et les sapins, et, en général, ils préfèrent aux pays boisés les grandes plaines couvertes d'herbes et de céréales [1].

D'ailleurs leur voracité est telle que, après avoir transformé en désert les contrées les plus luxuriantes, ils se dévorent souvent entre eux.

Ils sont cités dans la Bible, au chapitre x de l'Exode, comme la huitième plaie que l'Éternel, sur la prière de Moïse, fit fondre sur l'Égypte ; ils étaient désignés par les Hébreux sous le nom d'*Arbeth*, et par les Latins sous celui de *Locusta*. En Grèce, on les appelait *Acris*, et dans diverses

---

1. Dans les steppes, ils sont suivis et poursuivis activement par des merles roses (*Martins roselins*).

provinces des lois spéciales obligeaient les habitants à détruire les insectes, leurs larves et leurs œufs. En l'an 170 avant l'ère chrétienne, tous les champs aux environs de Capoue furent dévastés par d'innombrables légions de ces orthoptères. Quelques siècles plus tard, suivant saint Augustin, l'Afrique fut le théâtre de semblables ravages, et les insectes, poussés dans la mer, puis rejetés sur le rivage, occasionnèrent par les exhalaisons de leurs cadavres une peste qui fit périr près d'un million d'habitants dans le royaume de Numidie. En 1780, les acridiens envahirent l'empire du Maroc et y causèrent une famine si épouvantable que les pauvres furent réduits à déterrer les racines des végétaux et à chercher, pour se nourrir, les grains d'orge épars dans les fientes des chameaux.

Dans le midi de la France, leurs apparitions furent particulièrement redoutables pendant les années 1815, 1822, 1824 et 1825... Des fonds furent alloués par les villes pour leur destruction. En 1813 seulement, la ville de Marseille dépensa vingt mille francs, et la petite ville d'Arles vingt-cinq mille francs pour les frais de cette chasse. Sans atteindre ce chiffre, la dépense en fut encore considérable les années suivantes. Enfin on n'a pas oublié qu'en 1866 ils dévastèrent complètement l'Algérie.

Leurs ravages ont été tout aussi fréquents et tout aussi étendus dans la Russie méridionale.

Lorsque Charles XII était retiré à Bender, des essaims de sauterelles, suivant le témoignage de Nordman, chapelain du roi, s'abattirent sur les maisons et dévorèrent les portes et les toits construits en roseaux. Plus tard, en 1788, quand Potemkin s'empara d'Oksakow, tout le pays environnant était infesté d'acridiens. Ces insectes reparurent dans la même région en 1823 et s'y maintinrent pendant sept ans, jusqu'en 1830, époque à laquelle ils disparurent complètement. Ils s'étaient établis dans la Crimée, en 1821, et l'année suivante, poursuivant leur marche à l'ouest, ils étaient arrivés jusqu'au Dniéper.

Mais ils ne dépassent guère la ligne qui va de l'Espagne par la Suisse, la Bavière, le centre de la Pologne, jusqu'au nord de la Chine. On en a cependant signalé des apparitions fâcheuses en Angleterre, en 1746 et en 1742.

Quelques peuples de l'Arabie font des acrideins un objet de nourriture et de commerce. Ils les ramassent en grand nombre, les font sécher et servir à former une espèce de pain destiné à suppléer aux récoltes peu abondantes, et ces denrées figurent dans les marchés de quelques villes d'Orient.

Les Hottentots et d'autres peuples les aiment également beaucoup.

Les États-Unis ont été maintes fois désolés par une espèce voisine, l'*Acrydium femur rubrum*, dont les invasions se sont souvent avancées jusqu'au 53e parallèle et ravagent périodiquement le Nébraska.

En dehors des acridiens, il n'est guère d'insectes qui exécutent des voyages considérables capables de laisser de telles traces. Pourtant certaines chenilles opèrent de véritables migrations. Au Canada, près de la rivière de la Pluie, J. Richardson en vit, en 1847, s'avancer une innombrable procession qui, traversant les cours d'eau, dévora toutes les feuilles sur son passage, depuis cette rivière jusqu'au *Winnipeg river*.

On ne s'aperçoit le plus souvent de ces déplacements qu'une fois qu'ils sont accomplis, par l'apparition soudaine et en nombre d'une espèce là où elle était inconnue, par les particularités ou les modifications de la distribution géographique. Mais, pris en eux-mêmes, ils n'ont pas donné lieu à des études suivies.

Il est bien certain par exemple que plusieurs espèces de fourmis accomplissent d'assez longs voyages, surtout dans le centre de l'Afrique. Mais on n'a à cet égard que des observations isolées qui ne nous renseignent qu'insuffisamment sur leurs causes et leur but. Ce sont le plus souvent des colonies allant fonder des fourmilières nouvelles. Elles envoient en avant des troupes chargées de préparer leur demeure. Il y a fort peu d'années, M. Bates, naturaliste anglais qui a séjourné fort longtemps dans le bassin de l'Amazone, a décrit toutefois complètement certaines fourmis voyageuses de cette contrée. Elles appartiennent au genre *Eciton* et sont désignées vulgairement sous le nom de *fourmis fourragères*. Elles ont la tête plate, le corps élancé, les pattes longues et grêles, et sont armées non seulement d'un aiguillon, mais encore de mandibules tranchantes ; leur régime est essentiellement carnassier, et elles s'attaquent à des animaux de toute espèce et souvent de forte taille.

AEga, localité située au point où le Teffé se mêle au Rio Solimoens, M. Bates n'a pas observé moins de dix espèces de ces fourmis, représentées chacune par des individus de trois catégories : mâles, femelles, et neutres ou ouvriers. Dans l'espèce la plus remarquable, l'*Eciton drepanophora*, que les Indiens nomment *tauoca*, les ouvriers, dont la taille varie de 0 m. 007 à 0 m. 014, présentent un aspect formidable. Leur tête ronde et

lisse est armée d'énormes pinces, recourbées et
aiguës comme les cornes des chamois; leur corps
est assez mince, et leurs pattes, relativement
très développées, leur permettent de se mouvoir
avec une grande agilité. Pour se transporter
d'un endroit à un autre, ces fourmis se forment
en colonnes longues de plus de 100 mètres,
mais assez étroites, et sur les côtés desquelles
se tiennent quelques individus jouant le rôle
d'officiers. Pendant la marche, ces officiers, qui
sont aux travailleurs dans la proportion de 1 à
20, se montrent très actifs et se portent de côté
et d'autre pour veiller à ce que leurs soldats
s'avancent en bon ordre. L'arrivée des fourmis
ecitons est presque toujours décelée par la présence d'un grand nombre de grives formicivores,
oiseaux à queue courte et à plumage terne qui
représentent en Amérique les grives de l'archipel
Indien et qui sont particulièrement friands d'insectes hyménoptères.

Dès que les habitants aperçoivent ces grives,
ils se réjouissent à la pensée que les fourmis ne
sont pas loin et vont pour quelque temps au
moins apporter un soulagement à leurs maux.
Pendant la plus grande partie de l'année en effet,
dans ces régions torrides de l'Amérique du Sud,
les insectes de toute espèce se multiplient libre-
ment avec une telle abondance que pendant la
nuit surtout certaines maisons deviennent inha-
bitables. Dès que le soleil a disparu de l'horizon,
dit M. Bates, de toutes les crevasses sortent des
insectes qui piquent, qui mordent ou qui émet-
tent une odeur insupportable ; quelques-uns ont
le corps revêtu d'une sorte d'armure qui les met
à l'abri de tous les coups ; d'autres, au contraire,
dodus et obèses, ont la peau si mince qu'ils

s'écrasent au moindre contact; ici, ce sont de petits papillons qui éteignent la lampe du travailleur ou qui viennent se noyer dans son encrier; là, des scorpions et d'énormes scolopendres bien faits pour inspirer la terreur; quant aux lézards, aux couleuvres et aux autres reptiles, ils sont si communs que l'on n'y fait plus même attention. Pendant un certain temps, ces envahisseurs règnent sans conteste, malgré l'acharnement avec lequel on les poursuit; mais quand les fourmis carnassières sont arrivées, tout change de face, et les insectes malfaisants vont expier leurs méfaits. Aussi les habitants s'empressent-ils de quitter leurs maisons, dont ils laissent les portes grandes ouvertes pour permettre aux fourmis de remplir leur mission salutaire. Avant de pénétrer dans une demeure, les ecitons détachent quelques éclaireurs chargés de reconnaître si les lieux sont dignes de leur visite, puis, si le rapport a été favorable, elles se précipitent dans les appartements et commencent un impitoyable carnage. Rien ne résiste à leurs terribles mandibules : mille-pieds, scorpions, punaises et cancrelats sont mis à mort en un clin d'œil, et les grandes couleuvres, les lézards et les rats eux-mêmes succombent sous les coups multipliés d'une légion d'ennemis. Cette besogne est terminée en peu de temps, et bientôt les fourmis, se reformant en ligne, sortent triomphalement de la maison qu'elles ont balayée. Aussi, dans tout le bassin de l'Amazone, ces insectes sont à juste titre regardés comme des animaux éminemment utiles.

Dans certaines circonstances toutefois, ils peuvent devenir redoutables; car, avec leurs instincts belliqueux, ils n'aiment pas à être troublés dans leur marche. Aussi le voyageur qui en forêt rencontre subitement une armée d'ecitons n'a qu'une chose à faire : s'enfuir au plus vite, pour ne pas devenir la victime de ces milliers de mandibules.

Les reptiles, avons-nous dit, restent fixés au sol natal plus que tous les autres animaux. Les tortues de mer émigrent toutefois au loin à de certaines époques. La distribution de la grande tortue, *Testudo indica*, en des points maritimes fort éloignés les uns, des autres, ne s'explique même que par des migrations maritimes.

Les *Hydrophis* ou serpents de mer, si redoutables à raison de leur venin, se montrent par bandes nombreuses à l'est de la côte de Malabar, sur presque tous les points des mers du sud, des Indes et de la Chine, depuis Tahiti jusqu'aux Philippines.

Il ne nous paraît pas non plus douteux que les grenouilles, qui se trouvent dans toutes les régions de notre globe, opèrent des déplacements en assez grand nombre et avec assez de rapidité pour qu'ils puissent être regardés comme des migrations. Les grenouilles d'arbres sont particulièrement nombreuses et variées au Brésil, où elles font retentir les forêts de leurs cris assourdissants. Ces animaux, dit Agassiz, savent si bien contrefaire le cri d'autres animaux qu'il en résulte parfois d'étranges illusions. Les uns aboient comme des chiens, d'autres crient comme des enfants, et souvent l'attention du voyageur est surprise et sa pitié éveillée par une voix plaintive qui, après vérification, se reconnaît comme sortant d'un groupe de grenouilles et non de la bouche d'un enfant abandonné.

Mais les tortues se distinguent encore en ceci qu'elles ont des migrations périodiques. Périodiquement elles quittent les eaux pour pondre et enfouir leurs œufs dans le sable. Elles ne parcourent en général, il est vrai, dans ce but que de faibles distances. Le spectacle qu'elles présentent alors est encore cependant assez remarquable dans quelques cas. Ainsi, dans le bassin de l'Amazone, elles atteignent souvent une taille énorme ; quand les cours d'eau commencent à baisser, elles se rassemblent dans les fleuves principaux par bandes composées de plusieurs milliers d'individus. On les aperçoit, attendant le moment de gagner la terre aussitôt que les eaux auront atteint leur minimum. Elles sortent alors de l'eau, et, à quelques centaines de mètres de distance du bord, elles creusent leurs trous, y déposent leurs œufs qu'elles recouvrent de sable, puis elles s'en retournent à l'eau, après avoir effacé les marques qu'elles ont laissées avec tant d'habilété qu'il est impossible à un œil inexpérimenté de reconnaître la position du nid. Cependant les Indiens sont tellement habitués à cette recherche, qu'en marchant sur le sable la résistance éprouvée par le pied ou peut-être la sensation produite par la cavité sous-jacente leur fait découvrir les œufs enfouis sous une épaisseur de cinq à six pouces de sable. Ils en récoltent ainsi des millions ; on les met dans un réservoir, on les casse et l'on recueille la substance grasse contenue dans le jaune ; c'est au moyen de cette matière qu'on prépare une sorte de beurre très en usage dans la vallée de l'Amazone. On ne saurait se faire une idée du nombre incalculable d'animaux ainsi détruits. Et c'est de la part des Indiens un bien mauvais calcul, car la production de la viande, plus avantageuse, décroît d'autant dans toute la vallée de l'Amazone.

Les tortues terrestres, la nourriture venant à

leur manquer, se transportent aussi en masse d'un endroit dans un autre. Un naturaliste voyageur, J. Verreaux, lorsqu'il était au cap de Bonne-Espérance, avait souvent été témoin de ces migrations. Il avait vu, disait-il, les tortues couvrir une étendue de plus d'un kilomètre, en troupes si serrées que certains individus étaient juchés sur les autres et se trouvaient portés par le flot envahisseur. Ces troupes d'ailleurs furent plusieurs fois d'un grand secours aux voyageurs qui, manquant d'eau dans ces plaines arides de l'Afrique australe, purent étancher leur soif en égorgeant quelques tortues et en s'abreuvant de leur sang.

Les migrations de quelques crustacés décapodes sont très comparables à celles des tortues. Quelques-unes de leurs espèces (le *Grapsus pictus*, le *Plagusia squammosa*, le *Bernhardus streblonyx*, etc.) sont cosmopolites. Des espèces de la Méditerranée ont, nous l'avons dit, une notable affinité avec des espèces du Japon, ainsi que des espèces de la Nouvelle-Zélande avec des espèces des mers britanniques. Les îles Hawaï ont des espèces communes avec les côtes de Port-Natal, ainsi que les îles Canaries avec la Grande-Bretagne. Cela est en grande partie le résultat de migrations actives.

Certains crustacés nous donnent aussi le spectacle de migrations périodiques. Tels sont les gécarcins ou crabes de terre, dont quelques espèces se rencontrent aux Indes et qui abondent (neuf espèces) surtout aux Antilles, où on les connaît sous le nom de *tourlourous*.

La plupart se tiennent d'ordinaire dans les bois humides et s'y cachent dans des trous qu'ils creusent dans le sol; mais les localités qu'ils préfèrent varient suivant les espèces ; les unes vivent dans les terrains bas et marécageux qui avoisinent la mer ; d'autres se tiennent sur les collines boisées, loin du littoral, et à certaines époques ils gagnent la mer, bien que quelques-uns d'entre eux s'asphyxient promptement par submersion. Ce sont les besoins de la reproduction qui les y obligent. Ils recouvrent alors le rivage sur des étendues de plusieurs lieues.

Les déplacements lents des mollusques terrestres ne peuvent jamais mériter le nom de migrations. Et les déplacements des mollusques aquatiques, bien que dus en partie à l'action propre des individus, ne sont que de véritables transports. C'est par une exagération de langage, exagération, il est vrai, acceptée, que l'on parle de migration pour expliquer la distribution de leurs espèces dans les couches géologiques.

Nous voyons aujourd'hui un grand nombre de leurs genres ou espèces communes à des régions éloignées ; ainsi le *Limax variegatus*, le *Nerites fluviatilis*, plusieurs espèces d'*Hélix*, etc., sont communs à l'Europe et à l'Amérique. Certaines espèces terrestres se propagent au loin, malgré des obstacles en apparence insurmontables. Ainsi le *Bulimus oblongus* vit sur toute l'étendue de l'Amérique du Sud et se retrouve dans la partie méridionale de l'Amérique du Nord.

Mais il n'est absolument rien dans ces extensions que l'on puisse regarder comme des migrations actives.

La grande majorité des poissons présentent une difficulté inverse. Ils sont sans cesse en mouvement et voyagent volontiers par bandes. Beaucoup ne séjournent pas dans le même endroit. Aussi les anciens, Aristote, Pline, etc., et presque tous les naturalistes jusqu'aux temps modernes, ont-ils cru à de perpétuelles migrations de la part d'un trop grand nombre. Mais depuis on s'est demandé si les déplacements que quelques-uns d'entre eux opéraient, même régulièrement, étaient des migrations de l'importance que l'on avait crue.

En voyant certaines espèces qui manquent totalement dans certains parages pendant la plus grande partie de l'année, ou qui ne sont représentées que par quelques individus, apparaître soudain en troupes innombrables dans ces mêmes localités, il était naturel de supposer qu'elles étaient originaires de contrées lointaines et qu'elles effectuaient des voyages plus ou moins comparables à ceux des oiseaux. Mais aujourd'hui on ne doute pas que quelques-unes au moins des espèces qui apparaissent sur les rivages à l'époque du frai, pour déposer leurs œufs dans des eaux peu profondes, ne font alors que remonter des grandes profondeurs de la mer.

Anderson s'occupa dès 1828 des migrations des harengs. D'après lui, ces animaux auraient pour patrie les mers glacées du Nord, voisines du cercle polaire; au mois de mars, ils se rassembleraient par centaines de millions et descendraient en légions serrées sur les côtes d'Islande : là, ils se diviseraient en deux armées, dont l'une visiterait les bancs de Terre-Neuve et les golfes de l'Amérique septentrionale, tandis que l'autre explorerait la mer du Nord. Cette seconde armée se diviserait elle-même en deux colonnes : la première pénétrerait dans la mer Baltique par le Sund et les Belts ; la deuxième passerait le long des Shetland et des Orcades, se resserrerait vers l'Écosse et, rasant le cap de Yarmouth, viendrait enrichir les pêcheries de Folkestone, de Douvres, du Kent et du Sussex. Ce serait à des subdivisions de cette colonne qu'appartiendraient les bancs qui se montrent presque chaque année, en août et en septembre, sur les côtes de la Hollande, de la Flandre et de la Normandie.

On a objecté à cette hypothèse : d'abord, que les harengs des côtes d'Amérique n'appartiennent pas à la même espèce que ceux d'Europe et ne peuvent par conséquent être rattachés à un même courant migrateur ; ensuite, que les apparitions des harengs dans nos mers sont loin d'avoir la régularité que leur assigne Anderson ; enfin, qu'on rencontre en toutes saisons, sur nos côtes, quelques harengs, bien connus des pêcheurs sous les noms de *harengs fonciers*, *harengs francs*, etc. Les marins ont en outre depuis longtemps constaté des interruptions dans les apparitions.

D'après M. Milne Edwards, les jeunes, nés sur nos côtes, se retirent sans doute « dans les grandes profondeurs et s'y dirigent vers le nord, où ils doivent rencontrer en plus grande abondance les petits crustacés et les animalcules propres à leur servir d'aliments. Au printemps, d'autres besoins les rapprochent du rivage et leur font rechercher des eaux moins profondes ou plus chaudes : ils se montrent alors en légions innombrables et descendent vers le sud ; mais après être arrivés dans la Baltique, sur les côtes de la Hollande et jusque dans la Manche, *on ne les voit pas reprendre la route du Nord pour passer l'hiver sous les glaces du pôle, et recommencer au printemps suivant leur prétendu voyage périodique.* » Quoi qu'il en soit, aux mois d'avril et de mai, les harengs commencent à se montrer dans les eaux des îles Shetland, et, vers la fin de juin ou en juillet, ils y arrivent en nombre incalculable et en formant de vastes bancs serrés, qui couvrent quelquefois la surface de la mer dans une étendue de plusieurs lieues et ont plusieurs centaines de pieds d'épaisseur. Peu après, ces poissons se répandent sur les côtes de l'Écosse et de l'Angleterre, et, depuis la mi-octobre jusque vers la fin de l'année, ils abondent dans la Manche, principalement dans le détroit de Calais jusqu'à l'embouchure de la Seine. En juillet et août, ils restent d'ordinaire en pleine mer ; mais ensuite ils entrent dans les eaux peu profondes et cherchent un endroit convenable pour y déposer leurs œufs et y séjourner jusque vers le mois de février. Les harengs les plus vieux frayent les premiers, et les jeunes plus tard ; mais la température et d'autres circonstances paraissent influer aussi sur ce phénomène. Dans certaines localités, on en trouve d'œuvés pendant presque toute l'année. Après la ponte, ils sont maigres et peu estimés. Dans le ventre d'une seule femelle de moyenne grandeur, on a trouvé plus de 60,000 œufs. Leur frai, dit-on, recouvre quelquefois la surface de la mer dans une grande étendue et ressemble de loin à de la sciure de bois. On ne sait que fort peu de chose sur leur jeune âge.

La pêche qui s'en fait, une des plus importantes, occupe chaque année des flottes entières, et jadis elle était poursuivie avec plus d'activité encore. Vers le milieu du xviie siècle, les Hollandais n'y employaient pas moins de deux mille bâtiments, et l'on a évalué à 800,000 le nombre des personnes que cette branche d'industrie faisait vivre dans les deux provinces de la Hollande et de la Frise occidentale. Les Norvégiens, les Américains, les Écossais, les Anglais et même nos pêcheurs, s'y adonnent aussi en grand nombre ; et aujourd'hui encore, bien que son importance soit moindre, elle est néanmoins une grande source de richesses pour tout le littoral des mers du Nord. Dans nos divers ports situés entre Dunkerque et l'embouchure de la Seine, on compte chaque année trois à quatre cents bâtiments montés par environ 5000 matelots qui s'occupent de la pêche du hareng, et l'on a évalué à près de 4 millions les produits qu'ils en obtiennent. Cette pêche se fait d'ordinaire avec des filets de 500 à 600 toises de long, dont le bord inférieur est alourdi par des pierres, tandis que le bord supérieur est maintenu à flot au moyen de barils vides, et dont les mailles sont justes assez grandes pour permettre au hareng d'y enfoncer la tête jusqu'au delà des ouïes, mais ne laissent pas passer les nageoires pectorales. Le poisson, en cherchant à vaincre l'obstacle que cette cloison verticale oppose à son passage, s'emmaille ainsi ; et ne pouvant plus, à cause de ses nageoires et de ses ouïes, ni avancer ni reculer, il reste prisonnier jusqu'à ce que les pêcheurs retirent leur filet à bord. Le nombre des harengs qui se prennent ainsi est quelquefois si considérable, qu'en peu d'instants tout le filet s'en trouve garni et rompt sous leur poids.

Il est présumable que les migrations des maquereaux sont absolument du même genre que celles des harengs. Après leur naissance sur nos côtes, ils se dirigent au nord et reviennent au printemps, côtoyant l'Islande, l'Écosse, l'Irlande, pénétrant dans l'Atlantique et se dirigeant alors d'un côté dans la Méditerranée, de l'autre côté dans la Manche. Ils font généralement leur apparition sur les côtes de France et d'Angleterre au

mois de mai, et arrivent en juin sur celles de la
Hollande et en juillet sur celles de la Suède et
dans la Baltique. Mais ils ne retournent pas une
seconde fois dans les mers polaires, selon toute
vraisemblance , puisqu'on en retrouve sur nos
côtes pendant la mauvaise saison.

Il en est aussi à peu près de même des sar-
dines, des thons, des anchois qui visitent périodiquement notre littoral.

D'une part donc, le développement simultané
d'un nombre incalculable d'œufs en un même
lieu et l'habitude invétérée de beaucoup de poissons de se suivre l'un l'autre portent en une seule
masse les poissons de chaque espèce vers le Nord,
où ils trouveront une nourriture assez abondante
pour leur multitude. D'autre part, les besoins
de la reproduction les ramènent tous ensemble
vers leur point de départ. Mais, après ce second
voyage, décimés, dispersés même en partie, ils
n'épuisent plus comme autrefois d'un seul coup
les ressources alimentaires d'une région mari-
time. Ils n'ont plus besoin de se transporter de
l'une à l'autre et restent dans les profondeurs,
où d'ailleurs, comme nous le savons, ils peuvent
retrouver les températures des mers glaciales.

Pour ce qui est des morues, on peut croire
qu'elles viennent réellement des profondeurs et
n'opèrent pas de grands voyages en longitude.
Ce sont aussi les besoins de la reproduction qui
les ramènent sur les côtes. Elles apparaissent par
millions sur les rivages du Canada et de la Nou-
velle-Ecosse ; en moindre abondance sur ceux de
l'Islande. Mais si l'on tend les filets avant leur
arrivée , si l'on ne laisse pas passer celles qui
s'avancent en tête des bandes, elles se détour-
nent, et la pêche est manquée. Cinq à six mille

navires sont occupés annuellement à cette pêche, et la France y envoie plus de dix mille matelots.

L'analogie de leurs mouvements migratoires avec ceux que nous venons de décrire nous oblige à dire ici quelques mots des amphibies et des cétacés. Les uns et les autres, ou du moins certaines espèces des uns et des autres ont opéré des déplacements lents de grande importance.

La *baleine franche*, autrefois commune dans nos mers, devant la guerre acharnée que lui fait l'homme [1], s'est retirée peu à peu vers le Nord et ne se rencontre plus aujourd'hui que dans les mers glacées qui avoisinent le pôle.

Les phoques, qui venaient jadis folâtrer par milliers sur les côtes désolées des régions polaires, lorsque quelques rayons de soleil perçaient le brouillard dont elles sont enveloppées, n'apparaissent plus que de loin en loin. Les otaries, dont on connaît l'intelligence et la grâce, finiront aussi, quoique un peu moins traquées, par opérer un semblable mouvement de retraite vers le pôle austral.

Au pôle boréal, chaque espèce a son cantonnement particulier. Mais celle du *Phoca vitulina* est la seule qui soit sédentaire. Les autres ont leurs migrations. Elles sont peu connues. Mais on sait qu'au Groënland les phoques reviennent à deux époques de l'année, et que certains d'entre eux, se transportant à de très grandes distances, appartiennent aux deux hémisphères. Tel est l'*Arctocephalus ursinus* ou *ours marin* des îles Malouines, qui s'avance parfois jusque sur les côtes méridionales de l'Australie.

1. Il expédie chaque année contre elle des flottes entières.

Parmi les cétacés, les dauphins et les marsouins se montrent dans toutes les mers. Le Gange a son espèce particulière de dauphin, qui en remonte assez haut le cours.

Les mouvements migratoires les plus intéressants à bien des égards sont ceux des poissons qui abandonnent alternativement les eaux douces pour la mer, et inversement.

Nous avons déjà cité le cas du saumon, qui revient exactement chaque année frayer au même endroit. D'après des observations de M. Paul Bert[1], les saumons qui entrent dans la Seine au Havre vont tous pondre dans la Cure, affluent de l'Yonne ; aucun d'eux ne pénètre dans les affluents de la Seine, et tous quittent ce fleuve à Montereau, comme ils quittent l'Yonne à Cravant. Il paraît pourtant qu'on peut les attirer en diminuant la hauteur des chutes des rivières par des arrêts espacés qu'on a appelés *échelles à saumon*. Ils avancent quelquefois avec une vitesse de 8 mètres par seconde et parcourent en une heure l'espace de 3 ou 4 myriamètres ; mais le plus souvent c'est avec lenteur, comme en se jouant et avec grand bruit, formant deux longues files réunies en avant et conduites par la plus grosse femelle, qui ouvre la marche, tandis que les plus petits mâles sont à l'arrière-garde. Devant une digue ou une cascade, ils s'appuient sur quelque rocher, et, en redressant tout à coup avec violence leur corps recourbé en arc, ils s'élancent hors de l'eau et sautent quelquefois de la sorte à une hauteur de 4 à 5 mètres dans l'atmosphère pour aller retomber au delà de cet obstacle. Après avoir déposé leurs œufs sur les fonds de sable de

1. *Les vertébrés de l'Yonne.* 1864.

petits ruisseaux où ils font un **creux** et où le mâle vient les féconder, ils redescendent maigres et affaiblis à la mer pour y passer la saison froide. Les petits gagnent aussi la mer dès qu'ils ont un pied de longueur, et rentrent d'ailleurs dans les fleuves peu après, vers le milieu de l'été qui suit leur naissance.

L'éperlan, qui appartient à la même famille que le saumon et paraît en avoir les habitudes, apparaît dans la Seine vers l'équinoxe du printemps.

Pendant dix-sept ans, M. de Sélys-Longchamps a fait des observations précises sur l'alose. Ce poisson arrive presque constamment dans la Meuse, à Liège, du 1er au 15 avril, et dans deux circonstances seulement son apparition a été retardée de quelques jours. Dans la Loire, où elle remonte un peu plus tôt, à cause de la différence de température, sa régularité n'est pas moins frappante.

On a pris aussi quelques esturgeons dans la Moselle et dans la Seine. Mais ces poissons sont particuliers à la Russie méridionale. Ils remontent le Volga en troupes si serrées que dans un seul village les pêcheurs prennent parfois, pendant les quinze jours que dure la montée, jusqu'à vingt mille esturgeons de l'espèce nommée sterlet. C'est avec les œufs de cette espèce que se prépare le condiment nommé *caviar*, tandis que sa vessie natatoire fournit l'ichtyocolle et que sa chair, blanche et ferme comme celle du veau, constitue un aliment très agréable.

Les mulets et les dorades remontent également au printemps quelques-unes de nos rivières et pénètrent, à l'époque du frai, dans les étangs. Les plets ou picauds, quoiqu'ils appartiennent à

un groupe tout différent, celui des *poissons plats*
ou *pleuronectes*, offrent, à une certaine période
de leur existence, des mœurs analogues et viennent assez fréquemment se faire prendre dans la
Tamise, dans la Meuse et dans la Loire, à une
grande distance de l'embouchure de ces fleuves,
puisqu'on en prend jusqu'à Nevers.

Au Cambodge une foule d'espèces marines vivent dans les eaux douces du lac Toanlésap, situé à plus de 100 lieues de la mer et à 30 des
plus hautes marées.

Enfin les lamproies marines sont encore des
poissons qui se reproduisent dans les eaux douces,
et cela avec des particularités curieuses. L'anguille, au contraire, est un poisson d'eau douce
qui se reproduit dans la mer. Et les particularités de mœurs qu'elle offre sont au moins aussi
curieuses. Jamais elle ne se reproduit renfer-
mée dans un étang, pas plus que dans un bol, et
jamais en conséquence on n'a vu ses œufs. On ne
sait pas au juste où elle les dépose. Les jeunes
anguilles rentrent dans les eaux douces peu de
temps après leur naissance. La montée, qui se fait
au printemps, ne dure que deux semaines, mais
elle est généralement abondante. Un auteur anglais rapporte que deux observateurs attentifs
ont calculé à Kingston, où coule la Tamise, que
seize à dix-huit cents jeunes anguilles passent en
une minute.

Il paraît bien certain qu'on les voit souvent apparaître dans des étangs isolés où il n'en existait
pas auparavant. Comment y parviennent-elles?

Certains poissons, tous ceux de la famille des
pharyngiens labyrinthiformes, possèdent des cel-
lules aquifères au-dessus de leurs branchies, qui,
en tenant celles-ci toujours humides, leur per-

mettent de séjourner longtemps à l'air. La plupart de ces poissons habitent les Indes, la Chine et l'Hindoustan. Le plus curieux d'entre eux, qui habite l'Hindoustan, est l'Anabas, qui, assure-t-on, grimpe sur les arbres [1].

L'anguille doit jouir dans une certaine mesure de la même faculté. On sait déjà qu'elle résiste assez bien à l'air, mieux que tous nos autres poissons. L'étroitesse d'ouverture de ses ouïes doit lui permettre de traverser sans danger des prairies humides.

Elle peut aussi, sans aucun doute, séjourner longtemps enfouie dans la vase (?). C'est ce qui explique que des étangs ou des pièces d'eau que l'on a taris se retrouvent repeuplés d'anguilles aussitôt que l'eau y est revenue.

M. Blanchard cite [2] au long les observations dont une anguille a été l'objet pendant de longues années. Cette anguille est sortie une fois de son bassin ; mais, dans les allées sèches d'un jardin, elle a été tout de suite arrêtée et a failli périr d'asphyxie.

J'ai moi-même observé quelque temps une jeune anguille que je tenais enfermée dans un vase entouré au niveau de son bord supérieur d'une herbe assez touffue. Or j'ai été frappé de la fréquence avec laquelle, sortant de l'eau à mi-corps, elle restait étendue sur l'herbe. Elle n'en paraissait nullement incommodée, même au bout

---

1. On en remarque un autre non moins curieux, également dans les eaux de l'Inde et de la Chine, qu'il remonte : c'est l'archer (*Toxotes*), qui, comme certains chétodons, a la faculté de lancer des gouttes d'eau contre les insectes dont il veut faire sa proie.

2. *Les poissons d'eau douce de la France.*

de quelque temps, et rentrait dans l'eau d'elle-
même. Un jour, elle sortit complètement et vou-
lut sans doute entreprendre quelque voyage.
Mais elle était sur une petite terrasse, à un premier. Elle tomba de cette hauteur par terre.

Cet événement tragique n'eut d'ailleurs d'autre
conséquence que de me décider à la mettre sur
le gril.

On l'aime beaucoup ainsi dans les Deux-Sèvres,
où il s'en faisait naguère et s'en fait encore parfois des pêches très abondantes, à la descente,
lorsque les premières grandes pluies ont troublé
les eaux.

Il est extrêmement difficile d'observer les anguilles dans leurs voyages terrestres. On n'en cite
pas d'exemples constatés *de visu*. On sait bien
pourtant par exemple que les anguilles du lac de
Comachio, près de Venise, sortent du lac par
les nuits sombres et orageuses. Le moindre rayon
de lune les rend immobiles. Elles savent d'ailleurs fort bien s'orienter, car elles se dirigent
tout droit vers la mer.

CHAPITRE VII

Les pigeons voyageurs de l'Amérique. — Les causes
des migrations. — La recherche de la nourriture.
— Les perroquets, les cailles, l'alouette, les ramiers, les cigognes, les grues, les oies, les cygnes,
les pluviers, les bécasses, les rapaces, les palmipèdes et les échassiers de l'Amérique et de
l'Asie, etc. — Le principe du retour. — La faculté d'orientation chez le pigeon, chez les autres
animaux, chez l'homme.

Les poissons nous ont donné le spectacle de
tous les genres de migrations. Nous les avons
vus se transporter en grandes masses à des distances considérables pour la recherche de leurs
aliments. Nous les avons vus revenir chaque
année au même point pour les besoins de la
reproduction.

On ne s'est pas demandé comment le saumon
retrouvait après des mois et des années son
chemin à travers le réseau compliqué des rivières pour gagner le tranquille ruisseau qui l'a
vu naître. Ces phénomènes, d'une observation
difficile trop souvent, ont conservé encore pour

nous quelque obscurité, on ne sait pourquoi. Et ils n'ont pas excité l'étonnement admiratif que l'on pourrait croire. Les oiseaux, plus intelligents de beaucoup, dont l'instinct d'orientation nous émerveille toujours si fort, ne font cependant pas à cet égard beaucoup plus que les poissons.

La plupart des oiseaux sont pour ainsi dire à l'état erratique, se portant incessamment de ci et de là pour les besoins de leur nourriture. Mais la plupart aussi restent dans les limites d'une région donnée pendant un temps plus ou moins long.

Il en est qui partout où ils s'arrêtent, étant en masses énormes, dévorent tout du premier coup et se transportent chaque jour en quelque sorte en quelque nouveau parage. C'est du moins ainsi que semblent se comporter les pigeons sauvages de l'Amérique.

Evidemment obligés de rester sédentaires pour les soins de la reproduction, ils sont d'ailleurs à ce moment infiniment moins nombreux, décimés comme ils l'ont été dans deux grands voyages. Mais, leurs petits éclos, ils sont doublés, quadruplés, et justement alors la saison change dans une vaste étendue. La nourriture, devenue insuffisante par l'accroissement des besoins, va manquer tout à fait. Il faut bien s'en aller, et loin, sous l'impulsion des mêmes motifs que les harengs par exemple. Les vieux se souviennent d'ailleurs. Ils iront là où ils ont vécu l'année précédente. Ils se réunissent alors en troupes confuses. Mais en quel nombre ? Cela est à peine croyable. Un naturaliste célèbre, Audubon, dont les assertions n'ont jamais été contestées, a assisté un jour sur les bords de l'Ohio à un passage de ces pigeons. Il en a compté en 21 mi-

nutes 163 colonnes, composées, d'après ses éva-
luations, de un milliard cent quinze millions cent
cinquante mille individus (1,115,150,000). Un
voyageur rapporte qu'au-dessous de ces colonnes
la fiente tombe comme de la pluie. Lorsqu'ils
s'arrêtent dans quelque bois, le sol en est couvert
aussitôt d'une couche épaisse. Mais en même
temps tout est immédiatement dévoré. Des récoltes entières de grains disparaissent en un clin
d'œil. Aussi les Américains les regardent-ils
comme un fléau. On les tue pour les tuer. Et tout
est bon contre eux. Chaque coup de fusil tiré au
milieu d'une telle masse en abat d'ailleurs des
dizaines. Mais ces moyens ordinaires ne suffisent
pas. Il faut lire le récit d'une de ces chasses prodigieuses. On y a employé des obusiers à mi-
traille. Nous ne serions pas surpris qu'on y em-
ployât de nos jours des mitrailleuses.

Quant aux pigeons tués, on en sale, on en
donne aux cochons, etc. On utilise ce qu'on
peut.

On a dit que la recherche de la nourriture à
de grandes distances, par suite du changement
des saisons, ne suffit pas à expliquer toutes les
migrations. Il est des oiseaux qui exécutent des
voyages réguliers sans y être sollicités par aucune cause appréciable, et sans que leur déplacement paraisse apporter aucun changement bien
notable dans les conditions où ils se trouvent.
Il n'y a peut-être là qu'une apparence explicable
par le défaut d'observations assez suivies. Ou
bien ces oiseaux obéissent à une habitude instinctive enracinée par des conditions aujourd'hui
disparues.

« Quelle que soit la circonstance qui rende la
migration périodique des oiseaux utile à eux-

mêmes ou à leur progéniture, dit M. Milne Edwards, il est bien évident que ce n'est pas elle qui en est ordinairement la cause déterminante; les oiseaux voyageurs éprouvent, à certaines époques de l'année, le besoin de changer de place, comme ils éprouvent dans d'autres moments le désir de construire leur nid, sans y être portés par un calcul intellectuel ou par la prévision des avantages qu'ils en recueilleront. Dans des expériences faites sur quelques oiseaux voyageurs de nos pays, on a vu ce besoin se manifester avec force à l'époque ordinaire, bien qu'on eût le soin de maintenir autour de ces animaux une température constante, de leur donner une nourriture convenable, et qu'on eût la précaution de choisir de jeunes individus qui n'avaient pas encore pu contracter l'habitude des migrations. Lorsqu'ils changent de climat, ils n'attendent pas pour partir que le froid leur soit devenu insupportable, et ils ne sont pas repoussés peu à peu vers le midi par les empiètements de l'hiver, mais ils les précèdent et se transportent tout de suite et presque tout d'un trait dans les régions tropicales.

« Souvent on les voit revenir au printemps, lorsque la température en est encore au-dessous de ce qu'elle était au moment de leur départ; et, pour certaines espèces, nous le répétons, les migrations ne coïncident avec aucune circonstance extérieure. »

Il conclut que « ce phénomène est inexplicable. »

Il faut bien se dire cependant qu'il est vraiment beaucoup trop commode de se rabattre en de semblables circonstances sur un « instinct » mystérieux, venu on ne sait d'où, et que, dans le cas présent, ce qui est encore inexpliqué n'est pas nécessairement pour cela inexplicable. D'ailleurs on s'explique par exemple très bien qu'un oiseau éprouve une vive agitation lorsqu'en l'enfermant, on rompt violemment une habitude qui joue dans la vie de son espèce un rôle aussi considérable que celle des grands voyages migratoires. Nous éprouvons nous-même du malaise pour moins que cela. Qu'on aille donc prendre un petit sauvage à ses bois, et l'on verra s'il n'éprouvera pas une violente envie de se donner des jambes à leur plus lointain aspect, et si cette envie ne deviendra pas de la rage à l'approche de l'époque de la puberté ! L'expérience a été faite d'ailleurs.

Ne sait-on pas en outre que certaines espèces nichent et pondent dans les deux régions où elles séjournent tour à tour? N'a-t-on pas pu en conséquence se demander avec raison si la rage de migration qu'elles éprouvent ne vient pas de ce qu'en cherchant de nouveaux climats elles courent à de nouvelles amours ?

Et ce n'est pas tout. Il y a des preuves que, lorsque les migrations ne coïncident à nos yeux avec aucune circonstance extérieure, nous sommes trop souvent dupes d'une apparence. Michelet citait le cas d'hirondelles qui se sont réunies et ont quitté Nantes sans que rien fît prévoir un changement de temps et dont le départ fut pourtant suivi dès le lendemain ou le surlendemain de tempêtes et de pluies persistantes. On pourrait citer bien d'autres exemples de ce genre. Nous ne rapporterons que le suivant, emprunté à un chasseur naturaliste auteur d'un petit ouvrage humorisque sur les migrations des oiseaux [1].

1. *La migration des oiseaux*, par A. de Brevans.

Les geais commencent leur migration vers le 1er octobre, voyageant en troupes assez nombreuses, peu compactes, dans un temps sec et beau, et par courts vols, de forêts en forêts. Leur mouvement de marche s'accentue de dix heures à midi, et il augmente chaque jour d'intensité jusque vers le 22 octobre. Puis, de ce jour, dans l'est de la France, il cesse complètement. Aimant par-dessus tout les glands et les châtaignes, ils suivent la zone où ces fruits abondent, de l'ouest, près des côtes de l'Océan, à l'est, jusqu'en Perse.

Or en 1872, contrairement à toutes leurs *habitudes anciennes*, leur passage commença dès le 1er septembre. L'air étant très chaud, ils volaient très haut, presque sans arrêt. Il n'y avait d'ailleurs pas un gland aux arbres, et le sol, durci par une longue sécheresse, ne pouvait leur offrir ni larves ni vermisseaux. « Ils continuèrent ainsi, dit M. de Brevans, augmentant de nombre et abaissant leur vol jusqu'à la fin de septembre. Si bien qu'un beau matin, débrouillant la piste d'un lièvre sur une crête, j'en vis un vrai torrent passer dans la gorge au-dessous de moi. Les chasseurs du pays, mis en éveil par les passages des jours précédents, s'étaient portés en foule sur une côte située en face, par delà la vallée, où les geais venaient forcément buter et reprendre haleine sur les arbres. Ce fut un feu roulant toute la matinée, et on en fit des abatis monstres. Deux tireurs, à eux seuls, en rapportèrent quatre-vingts. De mémoire d'homme, on n'avait vu pareille abondance, et il fallait remonter jusqu'à l'année 1834 pour se rappeler quelque chose d'approchant. Voici ce qui suivit : à peine le passage était-il achevé, que toutes les *catarac-*

tes du ciel se précipitèrent sur la terre. La pluie tomba par torrents pendant un grand mois, et le vent d'ouest ne cessa de souffler. »

Michelet rappelle des faits de ce genre qui ont depuis longtemps leur place dans l'histoire. « Plût au Ciel, dit-il, que Napoléon en septembre 1811, eût tenu compte du passage prématuré des oiseaux du Nord! »

Il n'y a là certes nulle prescience proprement dite, mais impressions parfaitement senties, changements perçus. Et, aussi souvent qu'à nous-mêmes, il arrive aux oiseaux de se tromper sur les indices précurseurs, de s'en aller hors de propos ou d'être surpris par le mauvais temps.

On suppose seulement que l'oiseau a un genre de sensibilité tactile qui le renseigne plus délicatement que nous sur l'état hygrométrique, calorifique et électrique de l'atmosphère. Il doit éprouver à l'approche de ces changements de temps une sorte de malaise, un besoin de s'en aller, dont nos rhumatisants peuvent se faire une idée approximative.

Enfin savons-nous, pouvons-nous toujours savoir quel est l'état réel de ses ressources alimentaires dans une région, à quelles évolutions l'oblige la recherche de sa nourriture [1] ? Une observation attentive et suivie, si elle pouvait être faite, nous ferait certainement découvrir

---

1. Les mêmes genres d'insectes ne se trouvent pas tout le long de l'année dans une seule et même contrée. Il y en a d'ailleurs qui se déplacent, comme les criquets, et les oiseaux les suivent. Ces jours derniers (septembre), on signalait dans les Basses-Pyrénées la migration vers le sud, par *bandes considérables,* de papillons **gris** rayés de noir.

des raisons à tous ces actes, qui nous semblent inspirés par la seule fantaisie.

Est-il admissible que l'oiseau puisse un instant se soustraire, pour se donner la satisfaction si périlleuse de faire quelque lointain voyage, à la préoccupation de la recherche de sa nourriture, quand on songe quelle quantité de graines particulières ou d'insectes il lui faut trouver chaque jour, quand on voit quel mouvement il faut qu'il se donne pour les trouver?

Car qui retient le pigeon au colombier et l'y ramène aussi? L'amour du nid, de son compagnon et de la progéniture d'abord, mais aussi, secondairement, et avec une grande force, la nourriture assurée. Il a bien de la peine à trouver lui-même sa nourriture au champ, et, si on l'y contraignait tout d'un coup et absolument, sans l'y habituer doucement, il risquerait d'en périr.

M. La Perre de Roo donna un jour un de ses pigeons à M. Cassiers. Celui-ci l'accoupla, le lâcha au moment où il poursuivait le plus assidûment sa femelle et parvint facilement à l'aduire.

« Mon pigeon, dit M. de Roo, semblait avoir oublié complètement son colombier natal, ne quittait pas un instant sa femelle et semblait avoir élu domicile irrévocablement, sans arrière-pensée, dans son nouveau colombier, lorsque son nouveau maître s'avisa de supprimer la nourriture au pigeonnier pour apprendre à ses pigeons à aller se pourvoir aux champs. Alors, la faim rafraîchissant sa mémoire, mon vieux pigeon se ressouvint du toit natal, et, au lieu de suivre la bande voyageuse aux champs, il vint régulièrement deux fois par jour, matin et soir, se nourrir dans mon colombier, et, lorsqu'il avait le jabot plein, il s'en retournait chez M. Cassiers. »

Des faits semblables ont été maintes fois observés. La régularité avec laquelle beaucoup d'espèces se portent d'un seul trait, pour ainsi dire, aux deux limites extrêmes de leur aire géographique, n'est pas telle qu'elle nous semble et est souvent commandée par des raisons très simples et tout autres que celles que nous supposons.

Les martinets, dont nous avons cité la prodigieuse vitesse de propulsion (80 lieues à l'heure, d'après Spallanzani), suivent par exemple dans leur mouvement migratoire les mouvements mêmes d'apparition et de disparition des insectes de haut vol dont ils font leur proie. C'est une chose qu'il a été difficile de constater. Buffon avait déjà reconnu qu'ils se dirigeaient d'abord au nord pour redescendre ensuite au sud à l'arrère-saison. Ils quittent notre zone du 28 au 30 juillet et nous reviennent du 2 au 4 mai Or, au mois d'octobre 1875, M. de Brevans en a vu une troupe nombreuse se dirigeant au sud. En outre, le 18 août 1877, vingt jours après la disparition des indigènes du pays, deux martinets en retard passèrent en se dirigeant droit au nord.

Le 20 septembre, un grand vol prenait la même direction. « J'écrivis immédiatement, dit M. de Brevans, à mon correspondant d'Anvers, pour lui communiquer ces observations et le prier de me dire comment se comportaient les martinets dans sa contrée et plus au nord, is possible. Il me répondit qu'il ne s'était jamais bien rendu compte des agissements de ces oiseaux, mais que dans sa localité on en voyiat encore au 15 août généralement. » La conclusion à tirer de ce fait est en effet sans doute que « ce n'est pas l'appréhension du froid qui les fait fuir de notre latitude, et qu'il est dès lors probable qu'ils vont d'abord à la recherche des générations d'insectes de leur choix, nécessairement plus tardives en avançant au nord, pour revenir ensuite au sud, leur vraie direction de migration. »

Il en es t absolument ainsi des hirondelles qui sont du même genre.

Elles aussi, du moins celles dites *culs-blancs*, les mieux observées, remontent au nord pour y récolter leur moisson d'insectes avant de redescendre au sud.

Les migrations des oiseaux ne nous apparaissent plus ainsi comme de grands mouvements provoqués par un instinct particulier à l'espèce et sans rapport immédiat avec les nécessités de l'existence des individus. Nous en voyons la source, nous en saisissons la cause sans cesse agissante.

Les espèces ne quittent pas telle région avec une régularité automatique, et tous les individus d'une espèce n'émigrent pas toujours tous, ni en même temps. Les jeunes en particulier n'ont pas la même hâte pour gagner un nouveau pays qu'ils ne connaissent pas. Il est enfin certaines espèces du retour desquelles on n'a pu s'assurer et qui semblent en effet s'en aller pour toujours. Quelques couples sédentaires, trouvant une nourriture suffisante pour leur petit nombre, assurent seuls la reproduction dans le pays. Et alors les grands départs n'ont lieu que tous les deux, trois ou quatre ans, lorsque la multiplication a rompu l'équilibre entre les ressources alimentaires et la population. Le geai, paraît-il, est probablement une de ces espèces.

Il n'est pas d'exemple de troupes d'oiseaux se précipitant à corps perdu, sans but, dans des directions nouvelles. Il est au contraire commun de voir des couples isolés apparaître dans un pays où leur espèce était inconnue, le visiter et s'assurer des ressources et des avantages que les leurs pourraient y rencontrer. Un petit gallinacé, le syrrhapte paradoxal, quittant, il y a quelques années, les steppes de l'Asie orientale, où il se tient d'ordinaire, est venu jusque sur les côtes d'Angleterre. Certaines espèces, celles surtout dont les moyens de locomotion sont les moins puissants, passent irrégulièrement, mais avec méthode et ensemble, de canton en canton. Les perroquets, ces merveilleux oiseaux, des *singes ailés* [1], qui sont si abondants au Brésil que cette terre en a pris le nom de *Terra Papagalli* [2], pro-

1. Ce que nous en avons dit dans notre *Origine du langage* a inspiré quelque défiance, paraît-il. Nous aurions pu citer de leur intelligence des cas plus extraordinaires. Les exemples que rapporte Brehm dépassent vraiment ce qu'on peut imaginer, et ils sont en quelque sorte historiques et ne peuvent faire l'objet d'aucun doute.

2. Partout d'ailleurs, en Afrique, en Australie, en Malaisie, en Asie, ils sont abondants, sauf en Europe, où ils ne se reproduisent pas. « Mais au Brésil, il y en a des centaines d'espèces, dit Agassiz, et presque toutes à plumes vertes (perroquets, cacatoès et aras). Non seulement ces espèces sont très variées, mais le nombre des représentants de chaque espèce est des plus considérables, et l'on observe quelquefois des volées de perroquets comparables aux nuées de corbeaux ou d'oies sauvages qui passent chaque année au-dessus de nos têtes. Leur caquetage est effroyable; dans le voisinage d'une bande, il est impossible de parler, tant ils crient fort, et leur audace

cèdent de cette façon. Ils arrivent, ravagent les jardins, pillent les récoltes de tous genres, gaspillent même la nourriture, comme pour se moquer, et lorsqu'ils ont tout mis à sac, criant, se taquinant, se bousculant, ils poussent plus loin.

En Polynésie se trouvent des espèces nocturnes. Des espèces australiennes et néo-zélandaises (Strigops, pezoporus) vivent à terre comme les gallinacés et, au lieu de nicher, déposent leurs œufs dans des trous. Mais nombre d'espèces volent parfaitement bien et opèrent des migrations périodiques en grandes bandes.

Les oiseaux qui émigrent périodiquement le font tous dans des directions appropriées à leur nature, où ils doivent trouver une nourriture considérable le long de leurs chemins. Pour ceux d'Europe, l'Afrique est en général la grande station d'hiver. Le martinet et les hirondelles passent en Egypte, gagnent l'Afrique australe et se montrent en Amérique et dans les îles Malouines. Mais, lorsqu'ils arrivent dans le Midi, engraissés déjà durant ce faible parcours, ils sont l'objet d'une chasse active. On les prend par millier dans les joncs, où ils se réfugient le soir. C'est ce qui arrive d'ailleurs pour tous les oiseaux migrateurs [1]. L'automne et le voyage les mettent

est si grande, qu'ils s'approchent sans que rien puisse les effrayer. » Mais, lorsqu'ils vont piller un champ de maïs, ils ont bien soin de garder le plus profond silence; et, dit Brehm, que seraient sans eux les émouvantes forêts des tropiques ? le jardin mort d'un enchanteur, le domaine du silence, le désert.

1. Aux rossignols eux-mêmes, qui émigrent à l'est, par les Alpes, et que les Provençaux mettent à la broche sans aucune pudeur.

à même de recueillir une nourriture p abondante.

Les cailles quittent les champs dès qu'on en
enlève les récoltes, vers le 15 août ici, mais plus
tard en remontant au Nord, en sorte que leurs
migrations, et cela encore est significatif, durent
jusqu'en octobre. Elles attendent pour revenir
que l'herbe des prairies·soit assez haute pour
leur assurer un abri. Elles voyagent de nuit, de
peur des rapaces, et avec une assez grande vitesse
relative, seize lieues à l'heure. Quelques-unes hi-
vernent en Angleterre et en Bretagne. La plupart passent la Méditerranée. Ce passage réclame
d'elles un effort considérable. Mais il ne semble
pas qu'il se fasse d'une traite. Des points de
la côte européenne les plus distants, elles rencontrent sur leur chemin des îles et des îlots
pour se reposer. Et, comme la fatigue les oblige
à s'y abattre en grand nombre, on les prend en
quantités énormes, et leur passage constitue pour
les habitants un revenu assuré d'autant plus grand
qu'elles sont grasses à leur départ [1].

Beaucoup périssent aussi cependant en tombant
à l'eau. Un matin du mois de mai, époque de
leur retour, des pêcheurs prirent une dizaine de
petits requins. On les ouvrit. Il n'y en avait aucun qui n'eût de huit à douze cailles dans le
corps.

Il en est qui vont en Syrie. Un bon nombre

[1]. Au siècle dernier, on en prenait cent mille en
un jour dans le royaume de Naples, à Nettuno, sur
une étendue de côte d'une lieue ou deux. L'évêque
de Capri se faisait vingt-cinq mille livres de rentes
avec la location de la chasse dans son île, d'où lui
venait le surnom d'évêque des cailles.

séjourne en Algérie, où l'on en chasse tout l'hiver.

Beaucoup vont au delà du désert du Sahara. Il y a tout lieu de croire que ces dernières au moins ont alors une seconde couvée.

L'alouette reste en France jusqu'aux gelées. La neige lui supprime les vivres. Elle gagne alors le midi de la France, l'Italie, l'Espagne et surtout aussi l'Afrique. Elle revient à partir du mois de mars.

Les becfigues, venant du Nord, migrent dès la fin de juillet. Mais, même après le 25 septembre, il en passe encore bon nombre. Les raisins mûrs de l'Est les ont retenus, et ils s'y sont mis en embonpoint. Les gentilles bergeronnettes, un peu plus septentrionales, partent un peu plus tard. Mais elles vont au même point, l'Afrique, et reviennent en même temps, en avril.

Les outardes, les traquets, les mésanges, les pinsons, les chardonnerets, les bruants, etc., s'en vont aussi généralement, par troupes nombreuses, vers le Midi. Tous ne passent pas en Afrique, mais cela n'est particulier à aucune espèce. Ce sont des oiseaux plutôt erratiques que migrateurs.

Les coucous et les tourterelles nous quittent assez mystérieusement et par couples.

Les étourneaux et les loriots quittent l'Afrique dès la fin de l'hiver et se séparent immédiatement en deux bandes, dont l'une se rend en Asie, tandis que l'autre se répand en Italie, en Espagne, en France et en Allemagne. Les loriots repartent dès la fin d'août et les étourneaux un peu plus tard, au commencement d'octobre. A cette époque, ils sont remplacés dans nos contrées par les corneilles mantelées, qui traversent la France pour gagner les pays méridionaux et qui présagent ordinairement la venue des mauvais jours ; au printemps, ces oiseaux passent de nouveau, mais en sens contraire, se dirigeant vers le nord en troupes peu nombreuses.

Les pigeons bisets, les ramiers, qui nichent souvent dans nos jardins publics, notre Luxembourg, les Tuileries, nous quittent presque tous au mois d'octobre ou de novembre, et reviennent par paires ou même solitaires au mois de février ou de mars. Dans leurs voyages annuels, ces oiseaux se dirigent par les Pyrénées et les franchissent presque toujours au même point, au niveau de la vallée de Saint-Pé, où il s'en prend des quantités. Ils poussent jusque sur la côte d'Afrique.

Les cigognes, qui nichent depuis l'Alsace jusque sur les bords de la Baltique, où les habitants ont pour elles une pieuse affection, s'en vont dès la mi-août jusque dans l'Afrique australe. L'une d'elles rapporta en Alsace, attachée à ses flancs, la flèche dont l'avait percée un Boshiman. Elles s'y livrent probablement aussi à une nouvelle reproduction.

Les grues, qui nichent très au nord et voyagent la nuit, ne sont pas moins intéressantes. Comme les grands palmipèdes, elles volent disposées en un triangle dont la pointe est tournée contre le vent et formée par un individu robuste et expérimenté, qui, lorsqu'il est fatigué, cède sa place à un autre et passe à l'arrière.

Les flamants, qui poussent des reconnaissances chaque année sur nos côtes (on en cite qui se sont avancés jusqu'à la Loire et même jusqu'en Champagne) en hiver et au printemps, ont à peu près les mêmes habitudes. Rien n'est plus curieux que de voir ces oiseaux au plumage brillant rangés dans les airs en lignes rigoureusement droites. De temps en temps, ils s'abattent sur le sol, et l'un d'eux, remplissant les fonctions de sentinelle, veille sur ses compagnons et fait entendre, à la moindre apparence de danger, un cri d'avertissement qui ressemble au son de la trompette et qui a pour effet immédiat de faire prendre la fuite à la bande tout entière.

Certaines espèces, les plus septentrionales, tout en migrant au sud, ne descendent même pas jusque dans l'Europe méridionale. Ce sont naturellement surtout des palmipèdes au duvet épais. Ces volatiles viennent pondre au bord de la mer Glaciale en quantité prodigieuse. Dans la Sibérie, à l'embouchure de la Kolyma, il n'est pas rare qu'un chasseur tue en une seule journée un millier d'oies sauvages, et, dans ces régions glacées, un seul coup de fusil suffit pour faire partir dans toutes les directions une nuée et, comme on dit dans le Nord, une montagne d'oiseaux.

Les oies n'émigrent généralement au sud [1] que quand l'hiver promet d'être exceptionnellement rigoureux, ainsi que les guillemots et les grèbes. Les canards sauvages, une des espèces les plus cosmopolites, se montrent en automne par petites bandes dans les départements du nord de la France, et s'avancent, à mesure que le froid augmente, vers les départements du Midi où ils arrivent en général du 15 au 30 octobre; quelquefois même, ils traversent la Méditerranée

---

1. Des chasseurs en ont vu pourtant chez nous des vols dès la mi-septembre; et l'espèce est identique dans l'hémisphère austral. Elles volent par file indienne et en angle.

pour se rendre en Afrique. L'eider commun, si célèbre par le duvet qu'il fournit, et qui abonde surtout en Laponie, en Islande, au Groënland, au Spitzberg, redescend jusqu'aux Orcades, aux Hébrides et en Suède, et s'aventure même parfois plus au sud. En Amérique, il ne dépasse guère le parallèle de New-York.

Les cygnes descendent par bandes, pendant les hivers rigoureux, jusque dans nos climats. Le *Cygnus musicus* ou à bec noir passe l'hiver en Islande. En Amérique, il voyage par troupes; dans le calme des nuits polaires, ces palmipèdes s'annoncent de loin par leur cri ou plutôt leur chant, qui rappelle le son du violon.

Une espèce de corbeau, le Freux, sans habiter peut-être aussi loin que les canards au nord, redescend moins au sud. Il ne redoute pas le froid. C'est le Freux que nous voyons arriver en plein hiver, par bandes nombreuses qui couvrent quelquefois un kilomètre carré de terrain. Il ne dépasse pas le littoral européen.

On a vu le même couple de corbeaux s'établir en 1783, 84, 85, 86, 87 et 88, c'est-à-dire 6 ans de suite, au milieu de la ville de Newcastle, sur la girouette de la place de la Bourse.

Les échassiers, auxquels la congélation de l'eau est au moins aussi nuisible qu'aux palmipèdes, tout en étendant aussi leur habitat assez loin au nord, émigrent peut-être plus volontiers. Les chevaliers cul-blanc s'en vont dès le milieu d'août le long de nos petits cours d'eau. Les courlis partent en octobre et vont sans doute fort loin en Afrique. On les retrouve à Madagascar.

A l'équinoxe d'automne, aux premières pluies qui font sortir les lombrics de terre, les pluviers

et les vanneaux quittent les plaines de la Baltique
et voyagent le jour, par grandes bandes trans-
versales, à peu de hauteur du sol. Ils font de fréquentes stations dans les grandes plaines, où
ils pâturent surtout la nuit, battant le sol de leurs
pattes pour en faire sortir les bestioles.

Régulièrement, chaque matin, ils se rendent
aux grèves pour y faire leurs ablutions. « C'est un
instant propice pour les affuter, dit M. de Brevans, car, hors de là, ils sont toujours en éveil,
et des sentinelles font le guet pour les avertir de
tout danger. Dans les lieux de grands passages,
on les chasse aux filets battants et on en prend
des quantités considérables. » Ils séjournent ainsi
tout le long de leur chemin et assez longtemps
au midi. Puis ils font de longues excursions en
Afrique. Ils reviennent en mars.

Les bécasses ne laissent dans nos climats pendant l'été que quelques couples qui nichent sur
les hauteurs. Elles séjournent tout à fait au
nord. Et il paraît qu'elles forment trois grands
groupes de migration pour redescendre au sud.
Le premier part des côtes de Norvège, aborde en
Ecosse, longe les côtes d'Angleterre, puis celles
de Belgique et de France et gagne le littoral espagnol. Le second descend de la Suède, en Hollande, en Belgique, sur le centre de la France et
passe en Espagne par les Pyrénées. Le troisième
groupe partirait des côtes russes de la Baltique,
gagnerait le bassin du Rhône par l'Allemagne et
suivrait la côte orientale ibérique. Tout cela du
20 octobre au 20 novembre.

Les rapaces, aigles, buses, faucons, hiboux,
chouettes, migrent aussi au sud, bien plus visiblement que les autres pour la recherche de
leur nourriture. Ils suivent en effet simplement

les oiseaux émigrants qui sont leur proie habituelle.

L'Amérique septentrionale présente des variations atmosphériques plus prononcées que l'Europe. Les espèces voyageuses y sont plus nombreuses, et leurs migrations s'opèrent en plus grandes masses que partout ailleurs. Nous l'avons vu pour les pigeons. C'est aussi par milliers que les canards et les oies fuient la sévérité des hivers des États septentrionaux de l'Union; et quand les graines, dont le plus grand nombre ait sa nourriture, viennent à manquer dans le Sud, *on voit soudain ces oiseaux remonter vers le nord.* La perdrix de Virginie, lorsque les semences font défaut dans le New-Jersey, traverse la Delaware et passe en Pensylvanie. Toutefois, dans ces migrations fréquentes, beaucoup d'individus, surtout parmi les espèces d'un vol lourd, exténués de fatigue et de faim, finissent par périr. Ainsi les perdrix américaines se noient souvent dans les rivières, en tentant de les remonter à la nage. Les dindons, lorsqu'ils arrivent sur le bord de l'Ohio, du Missouri et du Mississipi, épuisés par un vol auquel ils sont peu propres, se laissent prendre par milliers.

Les palmipèdes et les échassiers, tous de genres communs à l'Europe, vont presque tous passer l'hiver en Californie. Le coucou américain va le passer aux Antilles, le dindon en Virginie. Peu d'espèces au moins, semble-t-il, vont jusqu'à l'Amérique du Sud. Entre ces deux continents, il n'y a en effet qu'environ soixante espèces communes. On rencontre toutefois en grande abondance dans la vallée de l'Amazone le canard musqué, commun aux États-Unis, des oies, quelques rares cygnes, une poule de prairie, etc.

Comme la région des lacs de l'Amérique du Nord, les marécages de l'Amazone sont littéralement couverts d'échassiers. « Rien n'est plus beau, dit Agassiz, que ces bandes immenses d'ibis rose, et de hérons gris, alignés sur le rivage des lacs, se nourrissant de poissons et courant çà et là. Je me souviens d'un étang tellement peuplé de hérons gris et d'ibis rouges qu'en arrivant sur ses bords nous trouvâmes des milliers de poissons que les oiseaux avaient tués en marchant sur eux; quand ces oiseaux s'envolèrent, il nous fut absolument impossible d'apercevoir le ciel à travers le nuage épais qu'ils formèrent. »

L'Asie nous offre particulièrement l'exemple de grandes migrations, déterminées non plus par le froid, mais par la chaleur. En été, les bandes innombrables d'oiseaux aquatiques qui fréquentent les lacs et les rivières de l'Hindoustan et du Pendjab disparaissent tout à coup et se transportent dans l'Asie centrale.

En Europe même, il est des espèces qui remontent vers le nord au fur et à mesure que l'été s'avance. Nous pourrions trouver là une des causes déterminantes du retour de nos oiseaux migrateurs. D'ailleurs, avec les chaleurs excessives, les insectes deviennent rares. La recherche de la nourriture pourrait donc bien nous ramener l'hirondelle, comme elle nous l'emmène. Mais il y a du retour une raison au moins aussi impérieuse et qui en assure surtout la fixité. Nous l'avons indiquée à plusieurs reprises.

Ce n'est pas pour l'oiseau une affaire si grande que d'aller d'Europe en Afrique. Il lui faut pour cela moins de temps qu'aux Anglais pour aller passer leur hiver à Nice.

Là-bas, la saison venue, le besoin des amours

se fait de nouveau sentir. Que faire ? On regagne en toute hâte le nid que l'on a laissé la précédente année.

Dans son *Voyage dans l'Afrique australe* (1859, p. 140), Livingstone dit à propos des martinets qu'il y a vus : « Il n'y a probablement qu'un petit nombre de ces martinets qui fassent leur nid dans cette contrée. Je les ai souvent observés, et je n'ai jamais surpris parmi eux aucune apparence d'amour, aucune poursuite de l'un à l'autre, aucune partie joyeuse, pas le moindre signe d'une recherche quelconque. D'autres oiseaux de différentes espèces, qui vivent également rassemblés par troupes nombreuses, vont et viennent dans ce pays-ci, comme des bohémiens errants, même à l'époque de la saison des amours, c'est-à-dire entre l'hiver et l'été, le froid ayant dans cette région la même influence que le printemps dans nos climats du Nord. Ces bandes vagabondes sont-elles formées des oiseaux voyageurs qui retournent en Europe pour y aimer et pour élever leurs petits ? »

Tous les oiseaux ont à un plus ou moins haut degré la faculté d'orientation que l'on a tant admirée chez les pigeons ; tous savent retrouver leur nid du premier coup pour ainsi dire et à de plus ou moins grandes distances, bien qu'on ne l'ait plus particulièrement constaté que pour les espèces qui nichent auprès de l'homme, les grues, les hirondelles, etc. Si l'on transporte au loin une hirondelle couveuse et qu'on la mette en liberté, elle s'élève d'abord très haut, puis se dirige en ligne droite vers l'endroit où elle a laissé sa couvée. Spallanzani a répété avec succès cette expérience à diverses reprises et a vu un couple d'hirondelles de rivière, qu'il avait transporté à Milan, se rendre en treize minutes auprès de ses petits laissés à Pavie. Des chardonnerets, des rouges-gorges et des troupiales, qui avaient été emportés du Canada e mis en liberté aux États-Unis, ont repris aussi immédiatement la direction de leur patrie.

On a cru, malgré la rapidité avec laquelle parfois ils savent s'orienter, retrouver chez ces oiseaux des traces d'un calcul et d'une réflexion. Voici en particulier à quels résultats est arrivé M. de Roo dans ses études sur le pigeon.

Après avoir démontré, après M. l'abbé Moigno, que le pigeon, pour se diriger d'après le seul sens de la vue, devrait s'élever à des hauteurs de 785, 3.143, 7.076, 12.586, 19.688 mètres pour des distances de 100, 200, 300, 400 et 500 kilomètres, à cause de la sphéricité du globe, ce qui lui serait impossible, il constate, avec MM. Gaston Tissandier, Cassiers, Van Rosebeke, etc., que le pigeon voyageur ne s'élève jamais à une hauteur maxima de 300 mètres, c'est-à-dire qu'il circule dans la zone comprise entre la surface de la terre et la courbe moyenne des nuages située à 500 mètres environ. Puis, avec Michelet et Toussenel, il concède à l'oiseau non seulement une haute impressionnabilité atmosphérique, mais encore une nature éminemment électrique. Et il appuie cette opinion sur le résultat des expériences aérostatiques faites par M. Gaston Tissandier. Il constate d'ailleurs lui-même que les perturbations atmosphériques et par conséquent magnétiques, empêchent le pigeon de s'orienter et de retrouver son chemin. Il cite par exemple des pigeons qui, lancés en pleine mer au milieu du brouillard, se sont d'abord élevés au-dessus de ce brouillard, avant de prendre une direction.

Lancé le matin, le pigeon s'élève au maximum de hauteur, parce que l'électricité de l'air n'est alors appréciable qu'à une plus grande altitude ; lâché par un temps de pluie, par un ciel chargé et couvert, il vole au contraire très bas, parce que l'électricité de l'air n'est appréciable qu'à une assez faible distance du sol. Rencontre-t-il une montagne, le pigeon se dirige vers elle, puis s'arrête court et rebrousse chemin, cherchant à retrouver dans d'autres couches aériennes le courant qui l'a guidé jusqu'alors. Même manège lorsque le pigeon passe au-dessus de grandes masses d'eau : il lui faut descendre pour rechercher le courant ; même encore au-dessus de grandes forêts, où l'air est plus dense et le force à monter plus haut pour retrouver le courant qui est en général parallèle au relief du terrain.

Quand la terre est couverte de neige, le pigeon est encore désorienté, sans doute parce que le rayonnement qui s'opère par la surface de la couche blanche cause une perturbation atmosphérique qu'on peut expliquer par le froid ; or, le froid intense paralyse la faculté d'orientation du pigeon voyageur, toujours par la même raison qu'en hiver l'air étant très sec, dépouillé qu'il est de sa vapeur d'eau par le froid, l'atmosphère n'est plus à l'état normal. Pendant le mois de janvier, si froid, de 1871, deux pigeons seulement rentrèrent dans Paris assiégé. Le 21 novembre 1875, sur 127 pigeons voyageurs lâchés à Saint-Quentin par un temps froid, sombre et incertain, cinq seulement arrivaient à Liège le lendemain, quelques autres le surlendemain, les trois quarts après un temps plus long, et un grand nombre n'ont pas reparu.

La conclusion à tirer de ces faits est que c'est

par les courants atmosphériques et de chaleur que le pigeon est guidé vers son colombier.

Mais il ne faut pas voir là les conditions essentielles et exclusives de la faculté d'orientation, puisque cette faculté, répétons-le, est commune à tous les oiseaux en général qui ont l'usage de la liberté, et même, dans une certaine mesure, à tous les animaux. Car enfin l'abeille qui va butiner au loin sait retrouver le chemin de sa ruche [1] à des distances aussi grandes proportionnellement que le pigeon celui de son colombier ; l'anguille va droit à la mer à travers des étendues de terre relativement considérables, etc. [2]. Dès lors, elle n'est pas dans la dépendance étroite de sens particuliers soit à une famille, soit même à la classe entière des oiseaux. On ne comprendrait même pas que l'on ait pu se méprendre à ce sujet, car les mammifères, nos propres animaux domestiques, nous donnent à tout instant des exemples de la faculté d'orientation. En mars 1816, la frégate anglaise l'*Ister* avait embarqué différents animaux à Gibraltar. Un gros temps survint lorsqu'on était près de la pointe de Gat, sur la côte d'Espagne, à plus de trois cents kilomètres du

1. Elle y retourne même selon une ligne tellement droite, que le vol d'une abeille chargée indique la position de la ruche avec autant de sûreté que pourrait le faire une file de jalons. Lorsqu'on déplace la ruche, pendant que les ouvrières sont en campagne, et qu'on la porte à cent ou deux cents mètres, les abeilles reviennent à l'endroit où elles ont quitté leur demeure et ne savent pas même, à ces courtes distances, trouver le nouvel emplacement de leur habitation.

2. Elle se guide sans doute d'après la nature du vent, c'est-à-dire par des sensations tactiles et olfactives.

port de départ. La position du navire étant critique, les animaux furent lancés à la mer, dans l'espoir qu'ils pourraient gagner le rivage à la nage. Un âne entre autres parvint à terre. Il avait appartenu aux bourreaux et servait autrefois à attacher ignominieusement les criminels qui recevaient le fouet. Il avait, en conséquence, les oreilles trouées, suivant le vieil usage espagnol et ce signe seul le rendait odieux aux habitants, qui ne pouvaient songer à se l'approprier. Laissé, par cette circonstance, à la pleine liberté de ses mouvements, l'animal se mit tout à son aise à chercher sa route. Le pays lui était inconnu, mais la direction de son gîte était imprimée dans sa pensée. En peu de jours il se retrouva dans son étable, devant sa mangeoire, à Gibraltar.

On a beaucoup d'observations analogues, faites particulièrement sur les chiens, les chevaux, etc.

Bory de Saint-Vincent raconte qu'à la porte de l'hôtel de Nivernais vivait un petit decrotteur, maître d'un grand barbet noir, dont le talent particulier était de lui procurer de l'ouvrage. Il allait tremper dans le ruisseau ses grosses pattes velues et venait les porter sur les souliers du premier passant. Le décrotteur, empressé de réparer le délit, présentait la selle. Tant qu'il était occupé, le chien s'asseyait paisiblement à côté de lui : il aurait été inutile d'aller crotter un autre passant; mais, dès que la sellette était libre, ce petit jeu recommençait.

L'esprit du chien et la gentillesse de son maître, qui se rendait serviable aux domestiques, donnèrent à l'un et à l'autre, dans la cour de l'hôtel et dans la cuisine, une utile célébrité, qui de bouche en bouche remonta jusqu'au salon.

Un Anglais illustre y était présent. Il demande à voir le maître et le chien ; on les fait monter. Il se passionne pour l'animal, veut l'acheter, en offre dix louis, quinze louis. Le chien est vendu, livré, enchaîné, mis le lendemain dans une chaise de poste, embarqué à Calais, et il arrive à Londres.

Son maître le pleurait avec une tendresse mêlée de quelques remords.

Joie inespérée ! le quinzième jour, le chien arrive à la porte de l'hôtel de Nivernais, plus crotté que jamais et crottant mieux ses pratiques.

Obligé de descendre plusieurs fois pendant la route, il avait observé qu'on s'éloignait de Paris dans une voiture en suivant une certaine direction ; qu'on s'embarquait ensuite sur un paquebot, et qu'une troisième voiture menait de Douvres à Londres.

« Le chien, retourné de chez son acquéreur au bureau du départ, avait suivi une de ces voitures, peut-être la même, qui prenait en effet et en sens opposé la route par laquelle elle était venue. Elle l'avait conduit à Douvres. Il avait attendu le même paquebot sur lequel il avait déjà passé ; et, descendu à Calais, il avait suivi pareillement la même voiture qui l'avait amené. Toutes ses promenades précédentes lui avaient donné la théorie que, après avoir bien marché pour aller quelque part, il fallait retourner sur ses pas pour revenir au gîte ; et le gîte était à côté de son jeune maître.

Nous citerons encore les observations suivantes, recueillies par M. Houzeau, qui démontrent le mieux que la faculté de s'orienter ne dépend exclusivement d'aucun sens particulier. « J'ai réussi, dit-il, à perdre de jeunes chiens de quatre à six mois dans leur première sortie. La connaissance des lieux ne pouvait pas alors les aider. Leur premier soin était de chercher ma trace par l'odorat ; mais, lorsqu'ils ne réussissaient pas dans cette épreuve, ils se décidaient promptement à retourner au logis. S'il y avait des rues ou des chemins tracés, ils suivaient la route par laquelle ils avaient passé ; s'il s'agissait de la campagne vierge, ils abrégeaient en général les circuits, mais ne les supprimaient point tout à fait. On eût dit que la mémoire leur fournissait un certain nombre de points de repère, qui divisaient la route et sur lesquels ils marchaient successivement, non par l'œil (car la vue du chien est basse), mais par la connaissance ou, si l'on veut, le souvenir des directions.

Inscrivant ainsi de longues cordes dans la courbe par laquelle je les avais amenés, ils retournaient à leur habitation.

« Il m'est arrivé de perdre un chien de cinq mois, alors à sa première sortie, dans un terrain très varié, très coupé, très difficile, de l'autre côté d'une rivière qu'on ne pouvait passer à pied sec que sur un arbre renversé. Ce chien n'avait jamais été à l'eau : il en avait peur, et il n'y est jamais entré plus tard sans que je l'y forçasse. Après de vains efforts pour retrouver ma trace, je le vis s'arrêter, lever la tête et se tourner non pas vers le pont naturel, mais dans la direction assez différente de l'habitation. Je le suivis quelque temps ; toutefois, à cinq cents mètres environ, je le perdis de vue, et, quand j'arrivai au logis vers six heures du soir, il n'y était pas. Pendant la nuit, ma petite maison de pionnier étant toujours ouverte à tout venant, j'entendis du bruit dans la pièce voisine de celle où je dormais. C'était le chien qui se désaltérait au baquet. Il était fa-

tigué; mais ses pattes ne portaient point de boue
ni molle ni séchée et prouvaient qu'il n'avait pas
passé le cours d'eau à la nage. Il avait donc retrouvé après de longues recherches l'arbre qui
servait de pont naturel; il était pour cela revenu
sur ses pas. Un homme aurait-il agi d'une autre
manière? Et cette expérience ne prouve-t-elle
point que le chien, en retrouvant sa demeure, ne
fait pas usage d'une faculté spéciale qui nous
manquerait? »

Mais l'homme lui-même, comme le remarque
encore M. Houzeau, n'est pas dépourvu de la faculté de s'orienter. Cette faculté ne se développe
pas ou s'affaiblit et disparait dans l'état de civilisation, comme s'affaiblit l'acuité des sens. Mais
elle existe chez le sauvage; elle renaît chez le
civilisé sous l'influence d'une éducation et d'un
milieu appropriés et sous l'influence d'excitations
ou d'exaltations des sens extraordinaires; elle se
montre même soudainement dans toute sa ple-
nitude et est alors aussi surprenante dans ses
effets que chez n'importe quel autre animal.

« Le sauvage n'a pas sa route tracée entre
deux clayonnages; il ne rencontre pas de poteaux
indicateurs ni d'habitants pour l'informer du chemin. Il n'a pas même de boussole, et dans le jour
il ne trouve qu'un guide, le soleil. Néanmoins
nous le voyons partir d'un camp sur l'Arkansas ou
la Canadienne, traverser de grandes montagnes,
s'engager seul et pour la première fois dans des
gorges profondes, sinueuses, obscures, ou traverser
de vastes forêts. Et nous le voyons gagner un
autre camp sur Grand River ou sur la rivière Verte
avec une sûreté de marche absolue [1].

1. Une troupe d'Indiens, après avoir poussé la

En Amérique, les émigrants nouvellement arrivés se perdent quelquefois dans une petite vallée. Le vieux *frontierman*, au contraire, possède une espèce de prescience non seulement pour éviter les mauvais pas et pour découvrir les eaux, les gués, les paturages, mais même pour indiquer au delà de l'horizon l'existence d'une habitation. Il n'y a rien cependant de surnaturel dans ces procédés. Un ensemble de remarques délicates, d'observations minutieuses, de déductions auxquelles son esprit s'est accoutumé composent toute sa magie. Au milieu des mêmes conditions, en face des mêmes besoins, les animaux pourvus des mêmes sens atteignent aussi dans leur sphère un résultat semblable.

Un vieux *frontierman* du Kentucky, Daniel Boone, qui vivait depuis longtemps de chasse, était de la part des Indiens l'objet d'une haine toute spéciale. Un jour qu'ils le rencontrèrent à l'improviste, ils réussirent à s'emparer de lui et le chargèrent aussitôt de liens.

L'infortuné prisonnier, destiné au plus affreux supplice, fut conduit sur-le-champ au bivac des rouges. Mais la même nuit, par un ensemble de circonstances heureuses, il parvint à se rouler jusqu'aux tisons encore allumés du foyer et réussit à briser ses liens. Devenu libre, il s'empare d'une hache, puis, fuyant à perdre haleine, il court au

chasse à cinquante ou cent lieues de distance du village, dans une région qu'aucun d'entre eux n'a visitée auparavant, se décide tout d'un coup au retour. Elle ne refait pas les mille circuits qu'elle a faits en venant ; les charges sont lourdes ; elle prend le chemin le plus court. Elle revient ainsi au village comme l'abeille à sa ruche ou le pigeon à son colombier, à peu près en droite ligne.

milieu de la nuit dans les profondeurs de la fôret.

Après avoir franchi une assez grande distance, il rencontre un cours d'eau, et non loin de la rive, en commémoration de sa délivrance dont il aimait à fixer la place, il marque d'une entaille de sa hache un des vieux arbres du bosquet.

Un grand nombre d'années se passent ensuite. Daniel Boone avait quitté le canton peu de temps après cet événement, il n'avait jamais revu l'endroit terrible de sa fuite. Les blancs étaient arrivés, se partageant la terre, éclaircissant les bois et semant le blé dans les sillons. L'ancien pionnier, maintenant avancé en âge, revint cependant visiter ces vieux champs de chasse, revoir le Kentucky pour une dernière fois. Il chercha l'endroit de l'épisode effrayant avec les Indiens. Il trouva d'emblée la clairière où avait brûlé le feu du bivac. De là, *se tournant comme il s'était tourné au moment de sa fuite* : « Dans cette direction, dit-il, est la rivière, et par là se trouve l'arbre que j'ai marqué. » La distance est franchie ; le cours d'eau conservait encore sur ses bords les bois qui lui servaient d'ombrage. Boone n'y avait passé que la nuit, une seule fois, dans l'empressement de la fuite, un bon nombre d'années auparavant. Au milieu de cette succession indéfinie de sites qui se ressemblent et que rien ne signale à l'attention, il entre dans le bosquet même d'autrefois et désigne un arbre sur lequel ses compagnons ne découvrent rien. « Ce doit être là, dit-il ; c'est ainsi que je suis arrivé, et c'est ici que j'ai frappé de la hache. » Le temps avait réparé l'écorce. Mais l'expert *frontierman* l'ouvre doucement avec prudence et l'enlève du bout de son couteau. Sous l'enveloppe adroitement écartée la cicatrice de quinze ans apparaît.

Une telle aventure est bien faite pour frapper. Il est probablement toutefois peu de nos lecteurs qui n'en aient pas quelqu'une de semblable dans leur mémoire.

A qui n'est-il pas arrivé au moins une fois de s'égarer dans une ville ou à la campagne? Que fait-on dans ce cas? on compulse dans sa mémoire non seulement les particularités de la route, mais encore tous les incidents qui peuvent se lier au souvenir des lieux ; on répète les mouvements que l'on a faits, et l'on s'efforce de reconstruire l'ordre des directions que l'on a successivement prises. Si l'on sait un tant soit peu calculer les distances, on se retrouve. Mais, si l'on n'y réussit pas, il est aisé de se rendre compte que cela ne vient pas de l'absence d'une faculté particulière, mais de défauts d'appréciation, du manque d'habitude et de sagacité sensationnelle. C'est donc par suite d'une assimilation vicieuse, d'un abus de langage, que la faculté d'orientation passe couramment pour une faculté réelle distincte. Ce n'est pas même une faculté, mais une combinaison presque instinctive d'impressions diverses, une résultante de toutes les informations recueillies par les sens. Elle prend la forme d'une sensation plus ou moins nette et plus ou moins intense qui dirige l'animal en le dominant.

CHAPITRE VIII

MIGRATIONS ACTIVES ET PÉRIODIQUES
DES MAMMIFÈRES ET DE L'HOMME

Parmi les mammifères, les migrations périodiques sont pour ainsi dire l'exception. Ils émigrent volontiers, mais sans retour. Ils n'ont pas, comme l'oiseau, l'attrait du nid soigneusement édifié à deux dans l'énivrante joie des premières amours et qui le ramène chaque année au même pays, au même bosquet, au même arbre, à la même fenêtre, au même petit coin. Les quelques espèces qui nous donnent le spectacle de migrations périodiques n'y sont point poussées par les besoins de la reproduction. Elles n'ont d'autre objet que la recherche de la nourriture, et leur périodicité même est entièrement subordonnée à la multiplication de l'espèce et au plus ou moins d'abondance des aliments. Il en est parmi elles de célèbres. Telles sont surtout celles de quelques rongeurs.

Les lemmings, aujourd'hui confinés dans la Scandinavie par exemple, apparaissent parfois en nombre considérable dans certaines contrées.

Olaüs Magnus, évêque d'Upsal, le premier auteur qui ait fait mention de cette espèce, raconte qu'en 1578, traversant une forêt, il y vit une telle quantité d'hermines, que l'air était infecté de leur puanteur. Ce rassemblement était dû à la présence de petits quadrupèdes nommés *lémans*, qui, d'après lui, tombent parfois du ciel au milieu d'un orage, sans que l'on sache s'ils arrivent d'îles éloignées ou s'ils se forment dans les nuages. « Ces animaux, ajoute-t-il, apparaissent comme les sauterelles, en bandes innombrables; ils dévorent tout ce qui est vert, et ce qu'ils ont mordu périt comme empoisonné. Lorsqu'ils veulent partir, ils se réunissent comme les hirondelles. Mais un grand nombre meurent, et les cadavres empestent l'air, ce qui cause aux hommes des vertiges et la jaunisse; beaucoup sont dévorés par les hermines, qui s'en engraissent. » Un siècle plus tard, en 1633, Olaüs Wormius écrivit tout un livre pour démontrer que les lemmings tombent du ciel, où ils prennent naissance; il raconte qu'on a vainement cherché à écarter ces animaux par des exorcismes et des conjurations. Dans la vie sédentaire, les lemmings ne causent pas de grands dégâts car les contrées qu'ils habitent sont à peu près sans culture; ils se contentent de lichens, de racines et de chatons de bouleau; mais à certaines époques, tous les dix ou vingt ans, et généralement en automne, ces animaux se mettent en mouvement et se dirigent les uns vers la mer du Nord, les autres vers le golfe de Bothnie, en suivant le plus souvent une direction parallèle au cours des rivières et des fleuves. Quelques naturalistes ont attribué ces sortes de migrations au pressentiment d'un hiver rigoureux auquel l'animal cher-

cherait à se soustraire; mais cette explication est insuffisante, puisque le départ des lemmings est quelquefois suivi d'un hiver relativement doux. Nous ne croyons pas d'ailleurs à ces sortes de prescience.

C'est le manque de nourriture qui les pousse, et ce manque de nourriture est déterminé d'une part par les vents qui dessèchent les plateaux qu'ils habitent et d'autre part, mais d'une manière plus soudaine et plus complète, par leur multiplication excessive. L'excès de multiplication peut seul expliquer la manière brusque dont ils émigrent et la périodicité tout à fait irrégulière de ces mouvements.

A un moment donné, et comme s'ils obéissaient à un signal, ces petits animaux descendent des montagnes et se réunissent en troupes qui partent dans des directions différentes et qui, s'avançant en ligne droite, dévorent tout sur leur passage, en creusant dans le sol des sillons de cinq à six centimètres de profondeur et distants l'un de l'autre de plusieurs pieds. Les champs que les lemmings rencontrent sur leur passage ont l'aspect de champs labourés, et rien ne peut arrêter la marche d'une colonne; les meules de blé et de foin sont percées d'outre en outre, les lacs et les rivières sont franchis à la nage, les rochers sont contournés par la bande, qui reprend invariablement sa direction primitive. Zetterstedt rapporte même que, dans la migration qui eut lieu en 1823, les lemmings faillirent faire sombrer plusieurs bateaux en traversant l'Angermanely, près d'Hernœsand, et, seize ans plus tard, un fait semblable a été observé par Ch. Martins aux environs de Bosskop. Pendant leurs voyages, les lemmings conservent les habitudes de leur vie sédentaire, c'est-à-dire qu'ils restent inactifs pendant la plus grande partie de la journée et qu'ils ne se mettent en marche qu'au coucher du soleil; après avoir voyagé une partie de la nuit et une partie de la matinée, ils font halte dans un champ, où ils portent la dévastation; après quoi ils se reposent. La mer seule peut arrêter leur course et les force à rebrousser chemin. Le retour s'effectue plus ou moins lentement; mais, des émigrants qui sont partis quelques mois auparavant, bien peu revoient leur pays natal : car, sans compter ceux qui se noient en passant les torrents, il en périt un grand nombre sous les dents des ours, des gloutons, des martes et des hermines. Les chiens et les chats, et surtout les oiseaux de proie, leur font aussi une chasse des plus actives; quant à l'homme, il ne devient leur ennemi que lorsque la nécessité le presse, car la fourrure de cet animal n'a aucune valeur, et sa chair est d'un goût si désagréable qu'il faut être Lapon pour se décider à s'en nourrir.

Un autre rongeur, très voisin du lemming, le campagnol des prés, a des habitudes analogues, mais plus régulières. Il habite les plaines de la Sibérie, depuis l'Obi jusqu'au Kamtschatka, et toutes les années, à peu d'exceptions près, au commencement du printemps, quitte cette contrée et se dirige vers l'ouest, toujours en ligne droite, à travers les fleuves et les montagnes. Ces caravanes d'émigrants, composées de plusieurs milliers d'individus, sont décimées par les zibelines et les renards, et subissent des pertes nombreuses en franchissant les cours d'eau; néanmoins, elles poursuivent leur route, en s'arrêtant quelques heures à peine pour se reposer, s'avancent jusqu'aux environs de Penschina, puis, tournant au

sud, arrivent à Ochota vers le milieu de juillet.
Après avoir accompli un trajet très considérable,
relativement à leur petite taille, ces animaux
reviennent en octobre au Kamstchatka, où leur
arrivée est accueillie avec la plus grande joie.
Pour les misérables habitants de cette contrée, le
campagnol est en effet une providence, et les
provisions qu'il accumule dans son terrier, les
racines comestibles qu'il met en réserve sont une
ressource précieuse pour la saison d'hiver. Dans
nos contrées, les campagnols, et particulièrement
ceux de l'espèce vulgaire, sont considérés au contraire comme un véritable fléau. Leur multiplication est véritablement effrayante et a causé
souvent la ruine de provinces entières. D'après le
témoignage de Pausanias, les habitants de quelques villes d'Ionie, et suivant Diodore ceux de
Cosa (actuellement Orbitello) ont été contraints
de s'enfuir devant l'invasion de ces rongeurs; dans
les temps modernes, en 1792, la ferme de l'ab-
baye de Dommartin (Pas-de-Calais) fut ravagée depuis juillet jusqu'en septembre par une quantité
prodigieuse de campagnols. Tout le terrain, sur
une étendue de 30 hectares, était sillonné par
les galeries de ces animaux; l'herbe, les blés et
les plantations étaient complètement dévastés.
En 1818, la même espèce de rongeurs apparut
en nombre si considérable sur la rive droite du
Rhin qu'il fut ordonné à chaque cultivateur de
livrer par jour au magistrat douze têtes de campagnols, en échange d'un florin. Cette mesure
amena la destruction, dans le seul bourg d'Offen-
bach, de 47 000 rongeurs dans l'espace de trois
jours. Dans la même année, on en tua plus de
200 000 dans le duché de Saxe-Gotha, où l'année
précédente on en avait déjà anéanti plus de

80 000 ; et aux environs de Lausanne un agriculteur en fit périr à lui seul 15 000 en trois mois. Presque à la même époque, l'espèce fit irruption en Belgique, en Hollande et dans le nord de la France. Déjà, en 1801 et dans l'automne de 1802, notre pays avait été visité par ces envahisseurs, et durant près de dix-huit mois, la Vendée, les Deux-Sèvres, la Charente-Inférieure, le Maine-et-Loire, la Loire-Inférieure, la Gironde, le département de la Dyle, celui de Sambre-et-Meuse et le Loiret furent impitoyablement ravagés. Dans la Vendée en particulier, les semences furent dévorées à mesure qu'elles étaient confiées à la terre, les récoltes anéanties sur pied, les taillis coupés au ras du sol, les prairies minées au point de ne pouvoir fournir de nourriture aux bestiaux ; bref, le mal prit de telles proportions que, sur la demade de l'autorité supérieure, l'Institut de France envoya sur les lieux une commission composée des citoyens Richard, Fourcroy, Huyard et Teissier. Cette commission, dans un rapport en date du 1er nivôse an X, évalua les dégâts, pour la Vendée seulement, à près de trois millions de francs et fit mettre en œuvre contre ces redoutables ennemis des engins et des poisons de toutes sortes. Néanmoins, tous ces moyens n'auraient probablement pas suffi à conjurer le fléau, si des pluies abondantes et des neiges qui survinrent au commencement de l'année 1802 n'étaient venues en aide aux cultivateurs en détruisant un nombre considérable de campagnols. Brehm, qui donne d'intéressants détails sur les migrations de ces petits animaux, nous apprend qu'en 1822, dans les districts de Nidda, de Putsbach et de Saverne, on mit à mort plus de 2,000,000 de campagnols

dans l'espace de quinze jours ; Lenz raconte qu'en
1856 12,000 arpents de terre durent être labourés à nouveau dans les environs d'Erfurth, et
que 200,000 cadavres de rongeurs, pris aux environs de Breslau et payés aux cultivateurs à
raison d'un centime la douzaine, purent être livrés
en peu de jours à une fabrique d'engrais. Enfin,
dans l'été de 1861, près de 500,000 individus de
la même espèce furent capturés dans la Hesse
rhénane.

Pallas est le premier qui ait décrit le surmulot
comme un animal d'Europe. Il dit que dans l'automne de 1727, après un tremblement de terre,
ces rats ont fait irruption en grandes masses
depuis les bords de la mer Caspienne et les
steppes de la Roumanie. Ils traversèrent le Volga
près d'Astrakhan et de là se répandirent rapidement vers l'ouest. Presque à la même époque,
en 1732, des navires les transportèrent des Indes
orientales en Angleterre, et ils commencèrent à
faire le tour du monde. En 1750, ils parurent
dans la Prusse orientale, en 1753 à Paris ;
en 1780, ils étaient communs dans toute l'Allemagne ; en Danemark, on ne les connaît que
depuis une soixantaine d'années, et seulement
depuis 1809 en Suisse. En 1775, ils furent transportés dans l'Amérique du Nord. Mais il y a quelques années ils n'avaient pas encore atteint le
haut Missouri. On ne sait pas à quelle époque ils
ont fait leur apparition en Espagne, au Maroc, à
Alger, à Tunis, au cap de Bonne-Espérance. Ils
ont tellement prospéré que, comme nous l'avons
dit, ils ont supplanté le rat ordinaire, qui était
établi chez nous depuis le xiie siècle et qui,
comme eux, est probablement originaire de la
Perse.

Il n'y a pas longtemps, à Paris, on a tué 1600 surmulots en quatre semaines. Et à Montfaucon, au champ d'équarrissage, ils ont dévoré une fois en une seule nuit les cadavres de 35 chevaux.

Dans l'ordre des carnassiers, les félides ou les chats, qui pour la plupart vivent isolés ou par couples, sont généralement sédentaires; mais parmi les canidés, chez lesquels les instincts de sociabilité sont beaucoup plus développés, il y a certaines espèces, telles que l'*isatis* ou *renard bleu*, qui se réunissent parfois en troupes nombreuses et qui émignent d'une région à l'autre, quand la disette les menace. Aussi leurs voyages coïncident-ils presque toujours avec le départ de certains rongeurs, tels que les lemmings, qui sont la proie ordinaire de ces carnassiers.

Les couaggas, les zèbres, les daws, parmi les solipèdes, et les rennes parmi les ruminants, apparaissent aussi quelquefois en bandes de plusieurs centaines d'individus dans des contrées où, jusqu'alors, ils étaient considérés comme extrêmement rares; mais les réunions de ces animaux ne sont jamais aussi nombreuses que celles d'une espèce d'antilope, le *springbock* ou *chèvre sautante* de Buffon, qui habite l'Afrique australe. Les relations des voyageurs nous apprennent que toute la région située au nord du Cap est occupée par de vastes plaines, dépourvues de sources, où l'homme ne peut vivre que pendant la saison des pluies, et qui, pendant le reste de l'année, sont parsemées seulement de quelques flaques d'eau où le gibier trouve avec peine à se désaltérer. Tous les quatre ou cinq ans, des chaleurs prolongées ont pour effet de dessécher ces réservoirs naturels et de forcer les springbocks à émigrer vers le sud.

« Les bandes d'émigrants, dit le capitaire Gordon Cumming, ont quelque chose de tellement extraordinaire qu'on a dû les comparer, et avec raison, à celles des sauterelles. Comme celles-ci, elles mangent en quelques heures tous les végétaux qu'elles trouvent sur leur passage, et détruisent complètement, en une nuit, toutes les plantations d'un cultivateur.

« Le 28 décembre, j'eus le plaisir de voir un de ces passages pour la première fois. Jamais ce gibier ne m'a apparu sous un aspect plus grandiose, plus formidable. Deux heures avant le point du jour, j'avais été réveillé dans mon chariot, et j'entendais à environ 200 pas la voix des antilopes. Je crus qu'un troupeau passait près de mon camp; mais, quand le jour fut venu, je vis toute la plaine littéralement couverte de ces animaux. Ils avançaient lentement. Ils débouchaient à l'ouest, entre deux collines, comme un fleuve, et disparaissaient à environ un mille au nord-est, derrière une hauteur. Je restai deux heures à l'avant de ma voiture, extasié devant ce magnifique spectacle, et j'eus même quelque peine à me convaincre de sa réalité, à le prendre pour autre chose que le produit de l'imagination exaltée du chasseur. Durant tout ce temps, les masses passaient sans fin entre les collines. Enfin, je sellai mon cheval, je pris ma carabine, et, suivi de mes compagnons, j'entrai dans le troupeau et fis feu. On abattit quatorze pièces. « Halte! c'est assez! » commandai-je. Nous retournâmes pour mettre notre gibier à l'abri des vautours, et, après l'avoir déposé dans un buisson et recouvert de branches, nous revînmes au camp. On aurait pu tuer trente ou quarante antilopes. Jamais, dans toute ma vie de chasseur, je ne me trouvai au milieu d'une telle

réunion d'animaux, et c'est la seule fois où je pus
pénétrer à cheval au centre d'un troupeau.

« Après avoir attelé, nous arrivâmes avec nos
chariots pour charger notre gibier. Quelque
énorme que fût cette bande, j'en vis une autre
plus considérable encore le même soir. Après
avoir traversé les collines entre lesquelles avaient
passé les antilopes, toute la plaine et les versants
même des hauteurs voisines m'apparurent couverts d'une seule masse de ces animaux. Aussi
loin que la vue pouvait s'étendre, on ne voyait
qu'eux. Ce serait un travail inutile de chercher à
estimer leur nombre ; je crois cependant pouvoir dire que plusieurs centaines de mille étaient
ainsi sous mes yeux. »

Ce récit pourrait sembler empreint de quelque
exagération, s'il ne se trouvait confirmé par les
observations de Kreschmar, de Livingstone [1] et
d'un grand nombre d'autres voyageurs qui ont
vu des troupeaux de springbocks couvrir des
plaines de 50 kilomètres d'étendue. La cohésion
de ces légions est remarquable, et Wood raconte
qu'un troupeau de moutons ayant été rencontré
par l'une d'elles fut emporté par le torrent et forcé
de le suivre, sans pouvoir se délivrer. Dans cette
troupe en marche, il y a une oscillation conti-
nuelle ; ceux des premiers rangs, trouvant plus
facilement à se nourrir que ceux qui viennent
ensuite, s'engraissent en peu de temps, devien-

1. D'après lui, ce n'est pas seulement la sécheresse
et la recherche de la nourriture qui déterminent
ces migrations, mais la crainte des hautes herbes
qui cachent les ennemis et la recherche des plaines
découvertes. Les *springbocks* ne semblent pas re-
douter le manque d'eau pour se désaltérer.

nent obèses, et sont dépassés **par leurs** compagnons, qui leur cèdent de nouveau la place au
bout de quelque temps. Le passage des springbocks est pour les Cafres une source de richesse ;
aussi se mettent-ils en frais pour attirer ces animaux ; longtemps avant la fin de la saison des
pluies, ils incendient les steppes, pour qu'un tapis
de verdure, couvrant les endroits où le feu a
passé, offre aux antilopes l'appas d'une nourriture abondante. Le chemin que suivent les *chèvres sauteuses* n'est pas absolument fixe ; en
général, elles s'en retournent par une route différente de celle qu'elles ont prise dans leur migration vers le sud, et décrivent ainsi une sorte
d'ellipse allongée dont le grand diamètre est de
près de mille lieues ; le temps qu'elles emploient
pour parcourir cet immense trajet varie de six
mois à un an.

Les bisons d'Amérique entreprennent aussi,
chaque année, de grands voyages. Au mois de
juillet, ils descendent vers le sud, dans les régions
fertiles de l'Arkansas, et, au printemps, divisés
en petits troupeaux, ils regagnent les plaines du
Canada et du haut Missouri. De même, les éléphants d'Afrique descendent deux fois par an
dans les plaines, à l'époque de la sécheresse, et
remontent lorsque les pluies ont reverdi les pâtu-
rages des montagnes. Les pécaris, ces sangliers
du nouveau-monde, parcourent les forêts en
troupes nombreuses, sous la conduite du mâle le
plus robuste. « Dans leurs voyages, dit Rengger,
rien ne peut les arrêter... Je les vis traverser le
fleuve du Paraguay, à un endroit où il avait plus
d'une demi-lieue de large. Le troupeau s'avan-
çait serré, les mâles en avant, les femelles suivies
de leurs petits : on les entendait et on les recon-

naissait de loin, moins à leurs cris sourds et rauques qu'au bruit qu'ils faisaient en passant à travers les buissons. Il est très dangereux pour les voyageurs de tomber au milieu de ces bandes de pécaris, et, si l'on en croit les récits des Indiens, le jaguar lui-même n'ose point s'attaquer à une armée si redoutable. »

Parmi les cheiroptères, les migrations sont communes, ce qui se comprend de reste, puisqu'ils tiennent de l'oiseau.

Les roussettes, ces chauves-souris de grande taille, se réunissent en bandes serrées et ne craignent pas de franchir un bras de mer pour passer d'île en île. Très nombreuses dans les contrées chaudes de l'ancien continent, elles causent de grands ravages. Lorsqu'elles s'abattent le soir par nuées dans un verger, elles y pâturent toute la nuit. Le seul moyen de préserver contre elles les arbres fruitiers est de les entourer d'un filet. Car elles ne se dérangent pas pour quelques coups de feu, et c'est tout au plus si elles quittent un arbre pour se porter sur un autre.

D'autres chauves-souris quittent parfois les hauteurs pour les vallées et gagnent en hiver des contrées plus méridionales, ou, lorsque leur régime est franchement insectivore, suivent les troupeaux d'un pâturage à l'autre, comme le voyageur Heuglin a eu plusieurs fois l'occasion de le remarquer pendant son séjour au pays des Bogos.

Les migrations des singes ne sont ni plus étendues ni plus générales.

Très nombreux dans les forêts du nouveau monde, ils se voient forcés d'abandonner un canton lorsqu'ils l'ont complètement dévasté, et s'en vont en troupes nombreuses, sautillant de branche en branche, à la recherche de quelque autre localité abondante en fruits; puis, quand la disette les surprend dans ce deuxième établissement, ils se mettent en route de nouveau, les mères portant leurs petits appliqués contre leur ventre et la troupe entière faisant entendre de bruyantes clameurs.

L'orang-outang, qui n'occupe plus aujourd'hui qu'une aire géographique bien restreinte, reste toujours, semble-t-il, confiné dans les mêmes cantons. Mais il n'en est vraisemblablement pas de même das autres anthropoïdes. Le gorille en particulier est constamment obligé de parcourir de vastes espaces pour trouver toujours la grande quantité de nourriture végétale qui lui est nécessaire.

L'homme lui-même a suivi les mêmes lois, et c'est par ses migrations actives qu'il s'est, à travers des siècles innombrables, répandu sur toute la surface de notre globe. Si même l'on considère combien, dans les limites de notre horizon, les déplacements lents qu'entraînent les révolutions géologiques sont de peu de chose dans sa distribution actuelle, on peut dire de lui qu'il est l'animal le plus migrateur.

C'est bien comme un effet des révolutions géologiques que l'on peut seulement expliquer la présence des négritos dans les centres montagneux de Bornéo, de Sumatra, des Philippines, de Formose et dans les îles Andamans, celle des Veddahs à Ceylan, la retraite dans l'extrême nord, retraite dont on a des témoins en Asie, en Amérique et en Europe, des Esquimaux et des Lapons, la dispersion singulière de ces blancs très poilus dont les Ainos au nord du Japon sont les représentants les plus typiques et que l'on retrouve dans les Indes (les Todas) et près de Moscou (quelques paysans russes), etc., etc.

Mais l'inextricable mélange de toutes sortes de types, de races, qui s'observe à peu près dans toutes les régions du globe, est dû aux migrations actives. Et le grand objet de l'anthropologie est de faire l'histoire de ces migrations en démêlant ces types. Œuvre colossale! — Elle est encore bien peu avancée, bien incertaine en beaucoup de points. Il faudrait cependant des volumes pour exposer seulement ce qui est acquis.

Ce n'est d'abord qu'avec une extrême lenteur que les premiers hommes ont occupé, par un effet des déplacements et des migrations, la plupart des régions du globe. Cette lenteur était même une condition indispensable pour la formation des races humaines dont nous constatons la présence aussi loin que nous pouvons remonter, que l'on admette ou non que plusieurs races d'une espèce d'anthromorphes se sont élevées à peu près en même temps à la dignité humaine par l'acquisition du langage.

Nous découvrons en effet dans l'humanité des types irréductibles l'un à l'autre. Nous ne sommes pas toujours en état d'expliquer le mécanisme de leur formation. Mais il est bien incontestable que c'est avant tout grâce à un isolement prolongé qu'ils ont pu diverger et se caractériser. Nous ne savons dans quelle mesure il peut convenir d'appliquer à cette période d'isolement le nom de période animale. En tout cas, il ne semble pas qu'elle ait été assez durable pour que les races une fois formées aient jamais pu diverger au point de constituer des espèces distinctes au sens strict du mot. Nous ne croyons pas, du moins, que l'on puisse affirmer qu'à un moment quelconque il a existé plusieurs espèces sans liens entre elles, sans croisements, au sein de l'humanité. Les races primordiales étaient à peine constituées que déjà probablement la multiplication rapide de l'homme, sa puissance d'expansion, ses migrations en tous sens, provoquant des croisements, écartaient les répugnances sexuelles naissantes entre elles, les ramenaient en partie à un type commun et créaient entre elles des races intermédiaires de second ordre. Cela seulement ne s'est pas fait avec la rapidité que nous pouvons observer aujourd'hui. Des séries de races de second, de troisième, de quatrième, etc., ordre ont eu le temps de se former et de se superposer. En sorte que les types primitifs ont fini par disparaître sous leurs couches amoncelées à tel point que les reconstituer aujourd'hui est une entreprise des plus difficiles et des plus hasardeuses. Un grand nombre de ces races ont dû s'éteindre en ne laissant de leur existence que de très faibles traces dans des races de formation plus nouvelle. Il n'est donc pas surprenant que nos races actuelles nous apparaissent comme autant de mélanges inextricables.

Nous sommes entièrement de l'avis de M. le professeur Topinard lorsqu'il dit [1] :

« Dans l'horizon que nous venons d'embrasser, bien des incidents ont dû se produire. Ainsi par la famine, par les maladies, par des changements géogénésiques rapides auxquels l'homme ne savait pas se soustraire, la terre a dû souvent se

1. *De la notion de race en Anthropologie* (*Revue d'Anthrop.*, 1879, p. 655).

dépeupler entièrement sur une étendue considérable, et de rares survivants, relégués dans des
oasis ou des îles, se retrouver dans les conditions de leurs ancêtres, et refaire une race
comme eux par mariage entre consanguins, et
fixation des caractères. De cette façon se com-
prennent ces irruptions d'hommes que l'on voit,
à certaines heures, jaillir d'un point et se répandre de tous côtés. Dans l'ancien continent,
Europe, Asie et Afrique, on ne voit d'abord que
des dolichocéphales, lorsque tout à coup apparaissent en Asie des brachycéphales, qui se multiplient et bientôt inondent l'Amérique et l'Europe. Jadis les Égyptiens ont peint sur leurs
monuments des hommes rouges; les Grecs et les
Romains n'en parlent pas; mais subitement au
VIIIe siècle l'histoire nous les montre dans l'angle
sud-ouest du Sahara, près de la frontière du
Sénégal, dominant dans le royaume de Ghanata,
et, grandissant de l'ouest à l'est, atteindre le
Kordofan et régner sur toute la population
nègre du Soudan, en y constituant une race
rouge aux cheveux droits, spéciale : ce sont les
Foulbes du docteur Barth.

« Les Cafres de même se sont formés dans le
nord-est du centre de l'Afrique, et de là ont ba-
layé toutes les tribus nègres antérieures, comme
ont fait dans notre pays les brachycéphales de
l'Orient avec les peuples de la pierre taillée.

« La race malaise, venue on ne sait d'où au
XIIe siècle, et la race polynésienne, partie de l'île
Bourou au Ve, sont dans le même cas. L'îlot
de Pitcairn eût pu nous en donner la répé-
tition; *l'origine croisée de ce groupe permettant
l'action du milieu*, la race nouvelle aurait offert
des caractères que ne présentaient pas ses ancê-

tres; les unions s'y opéraient entre consanguins, et les circonstances aidant, l'île ayant l'étendue et des ressources suffisantes comme l'Australie par exemple, un beau jour, après quelques siècles, une race neuve, consolidée et vivace, aurait pu en sortir pour se répandre sur le monde et le gouverner. Cent peuples, cent races se sont peut-être comportés ainsi pour aboutir à la même fin : la mort, l'absorption ou la renaissance *in extremis* par quelques-uns. Les individus passent, les races passent, l'humanité seule est permanente;... et encore! non par rapport à l'ensemble du règne animal et à notre planète. »

Anciennement, les migrations entreprises par des peuples entiers qui se transportaient brusquement en grandes masses d'une région dans une autre n'étaient pas rares. L'histoire elle-même nous en a conservé le récit d'un très grand nombre. Les invasions de barbares qui ont eu lieu en divers temps, en Amérique comme en Europe, ne sont pas autre chose pour la plupart. M. de Quatrefages en rappelait récemment une qui, bien qu'appartenant à notre époque, peut nous donner une idée vraiment grandiose de toutes celles qui ont pu se succéder jusqu'aux origines de l'histoire. Nous voulons parler de l'exode des Kalmoucks qui, établis depuis 1616 dans le Kahanat de Kazan, retournèrent en Chine en 1771. Ils étaient au nombre de plus de 600,000. Catherine II envoya une armée pour les retenir. Les populations dont ils avaient à traverser le territoire se soulevaient pour repousser leurs masses affamées. Les difficultés naturelles de leur chemin étaient considérables.

Partis en janvier, ils arrivèrent pourtant en juin sur la Torgaï, au nord-nord-est du lac Aral.

En cinq mois ils avaient fait 700 lieues. Ils avaient alors perdu plus de 250,000 âmes, et de toutes leurs bêtes de somme il ne restait que les chameaux.

Ils arrivèrent en septembre sur les frontières de la Chine, où l'empereur Kien-Long les secourut contre les Russes, les Baskirs et les Kirghises.

« En huit mois, malgré les rigueurs extrêmes du froid et du chaud, malgré les attaques incessantes d'ennemis implacables, malgré la famine et la soif, cette population avait franchi un espace égal *en ligne droite* au huitième environ de la circonférence terrestre[1]. »

Les migrations de ce genre, par suite des progrès de notre état social, sont devenues de plus en plus rares, jusqu'à être aujourd'hui à peu près impossibles dans le monde civilisé. Les migrations périodiques au sein d'une même aire géographique ont suivi le même mouvement. Elles se réduisent aujourd'hui à de simples déplacements annuels d'individus qui se portent isolément des campagnes dans les villes ou inversement, de tribus obligées à chaque saison de changer de territoires de chasse, de peuplades qui habitent alternativement les côtes et l'intérieur des terres, etc. Les plus curieuses de ces migrations périodiques de nos jours sont celles des Bohémiens par exemple, que, en France, M. Bataillard étudie depuis de longues années.

Mais l'agriculture, les progrès industriels, la stabilité de nos établissements, la facilité des communications auront bientôt à peu près complètement fait disparaître dans nos sociétés toutes celles du genre de ces dernières.

1. *L'espèce humaine*, p. 137.

Les migrations de l'homme aujourd'hui se font surtout par essaimage. Elles sont pour ainsi dire à flot continu. Elles aboutissent à des colonisations méthodiques. C'est ainsi que de petites nations de l'Europe, sans cesse tourmentées par l'accroissement constant d'une population qui peut à peine vivre en travaillant toujours davantage, ont répandu leurs essaims sur des territoires immenses, asservissant, dépossédant, détruisant même.les peuples moins avancés et moins puissants qu'elles rencontrent sur leur chemin. Telle est aujourd'hui la rapidité et la force de cette expansion des populations européennes qui domine toutes les autres et que pourra seule contrebalancer celle des Chinois, que l'isolement nécessaire à la formation de races nouvelles est désormais impossible. Au contraire, le mélange des races les plus éloignées est de plus en plus fréquent et de plus en plus intime. Un type plus complètement uniforme semble devoir toutes les embrasser : celles qui ne pourront pas concourir à sa formation étant inévitablement condamnées à disparaître sans laisser de traces de leur existence dans le sang des générations ultérieures. L'humanité, qui depuis le moment où elle a pris conscience d'elle-même vit dans un état de dispersion où ses membres se sont trop longtemps ignorés, marche ainsi vers une sorte d'unification dont l'image lointaine n'est pas sans grandeur. Nous indiquions naguère (1874) dans quelles conditions cette unification pourrait s'effectuer : « lorsque, les races trop inférieures s'étant successivement éteintes, une population dans la masse de laquelle tout type accentué de race aura disparu, couvrira notre globe avec une densité à peu près uniforme, et lorsque les progrès industriels se seront développés au point d'annihiler l'influence des milieux géographiques, et de conserver, par la rapidité des échanges, la facilité des communications, un état de conscience, un niveau intellectuel à peu près général et commun. » Mais y aura-t-il jamais jour pour un semblable état? Arrivée enfin à la pleine possession d'elle-même, l'humanité se gouvernera-t-elle jamais par la seule raison et selon une connaissance exacte de la nature qui l'entoure? Mettra-t-elle jamais fin aux luttes inutiles qui la déchirent pour se livrer pacifiquement à la meilleure exploitation du pauvre globe, à l'existence duquel est attachée son existence passagère?

Qu'il nous soit du moins permis d'en présenter le tableau comme le plus réconfortant espoir des esprits généreux et le plus digne objet de nos efforts.

FIN

TABLE DES MATIÈRES

CHAPITRE PREMIER

CHAPITRE II

I. De l'antiquité de la domestication du pigeon. Le
pigeon chez les Romains, dans l'Inde. Antiquité
de l'usage du pigeon messager. Le pigeon messager en Grèce, chez les Romains. La poste par
pigeons dans l'empire arabe. Les haschischins ou
assassins, leur prophète-dieu Sinân et les pigeons
messagers. La poste par pigeons en Orient pendant les croisades, 13. — II. Introduction du messager persan en Europe dans les temps modernes.
Son rôle dans la guerre d'indépendance de la
Hollande, à Harlem et à Leyde. Le pigeon belge.
Son usage comme courrier de bourse. Les pigeons
de Saint-Marc à Venise. Le siège de Paris en 1870-71.
Ballons et pigeons voyageurs, 26. — III. Les colom
biers militaires en Europe. Les Sociétés colombophiles belges et les sports colombophiles. Les
faucons de Henri II et du duc de Parme. Vitesse
du vol du pigeon voyageur................. 39

CHAPITRE III

Les migrations des animaux. — Des deux genres de migration. — Objet et résultat des migrations périodiques. — Rôle des migrations dans les temps géologiques. — Origine des migrations périodiques et de la faculté d'orientation.

CHAPITRE IV

Les insectes. — Aires géographiques de quelques insectes et leurs modifications. — Transports des criquets. — Transports et migrations de l'abeille domestique. Son extension. — Transports aériens et disséminations. Infusoires. Phylloxera. Bactéridie charbonneuse. La peste. — Les infiniment petits dans l'Océan. Transports par les courants. Les balanes. — Particularités de la distribution géographique des mollusques et des poissons. — Aires géographiques des oiseaux. Leur grande étendue. Cosmopolitisme de beaucoup d'espèces. — Modifications par déplacements lents de l'aire géographique de quelques espèces de mammifères, depuis la dernière époque géologique. — Action de l'homme dans la distribution des animaux.

CHAPITRE V

Représentants quaternaires de nos animaux domestiques en Europe. — Les animaux domestiques de l'époque néolithique. — Des chevaux sauvages en Europe et de leur domestication. — Usage de la domestication introduit par les peuples néolithi

FIN DE LA TABLE DES MATIÈRES.

Coulommiers. — Imp. PAUL BRODARD.

LIBRAIRIE GERMER BAILLIÉRE ET Cⁱᵉ

BIBLIOTHÈQUE SCIENTIFIQUE

INTERNATIONALE

La *Bibliothèque scientifique internationale* n'est pas une entreprise de librairie ordinaire. C'est une œuvre dirigée par les auteurs eux-mêmes, en vue des intérêts de la science, pour la populariser sous toutes ses formes, et faire connaître immédiatement dans le monde entier les idées originales, les directions nouvelles, les découvertes importantes qui se font chaque jour dans tous les pays. Chaque savant exposera les idées qu'il a introduites dans la science et condensera pour ainsi dire ses doctrines les plus originales.

On pourra ainsi, sans quitter la France, assister et participer au mouvement des esprits en Angleterre, en Allemagne, en Amérique, en Italie, tout aussi bien que les savants mêmes de chacun de ces pays.

La *Bibliothèque scientifique internationale* ne comprend pas seulement des ouvrages consacrés aux sciences physiques et naturelles, elle aborde aussi les sciences morales, comme la philosophie, l'histoire, la politique et l'économie sociale, la haute législation, etc.; mais les livres traitant des sujets de ce genre se rattacheront encore aux sciences naturelles, en leur empruntant les méthodes d'observation et d'expérience qui les ont rendues si fécondes depuis deux siècles.

Cette collection paraît à la fois en français, en anglais, en allemand, en russe et en italien : à Paris, chez Germer Baillière et Cⁱᵉ; à Londres, chez C. Kegan, Paul et Cⁱᵉ; à New-York, chez Appleton; à Leipzig, chez Brockhaus; à Saint-Pétersbourg, chez Koropchevski et Goldsmith, et à Milan, chez Dumolard frères.

EN VENTE :

VOLUMES IN-8, CARTONNÉS A L'ANGLAISE, A 5 FRANCS

Les mêmes, en demi-reliure, veau. — **10 francs.**

J. TYNDALL. **Les glaciers et les transformations de l'eau**, avec figures. 1 vol. in-8. 2e édition.   6 fr.

MAREY. **La machine animale**, locomotion terrestre et aérienne, avec de nombreuses figures. 1 vol. in-8. 2e édition.   6 fr.

BAGEHOT. **Lois scientifiques du développement des nations** dans leurs rapports avec les principes de la sélection naturelle et de l'hérédité. 1 vol. in-8. 3e édition.   6 fr.

BAIN. **L'esprit et le corps.** 1 vol. in-8. 3e édit. 6 fr.

PETTIGREW. **La locomotion chez les animaux**, marche, vol, natation. 1 vol. in-8 avec figures.   6 fr.

HERBERT SPENCER. **La science sociale.** 1 vol. in-8. 4e édition.   6 fr.

VAN BENEDEN. **Les commensaux et les parasites dans le règne animal.** 1 vol. in-8, avec fig. 2e édition.   6 fr.

O. SCHMIDT. **La descendance de l'homme et le darwinisme.** 1 vol. in-8, avec figures. 3e édition, 1878.   6 fr.

MAUDSLEY. **Le crime et la folie.** 1 vol. in-8. 3e édition.   6 fr.

BALFOUR STEWART. **La conservation de l'énergie**, suivie d'une étude sur la nature de la force, par P. de Saint-Robert, avec figures. 1 vol. in-8. 2e édition.   6 fr.

DRAPER. **Les conflits de la science et de la religion.** 1 vol. in-8. 5e édition, 1878.   6 fr.

SCHÜTZENBERGER. **Les fermentations.** 1 vol. in-8, avec fig. 2e édition.   6 fr.

L. DUMONT. **Théorie scientifique de la sensibilité.** 1 vol. in-8, avec fig. 2e édition.   6 fr.

WHITNEY. **La vie du langage.** 1 vol. in-8. 2e édition.   6 fr.

COOKE ET BERKELEY. **Les champignons. 1 vol. in-8,**
avec figures. 2ᵉ édition.   6 fr

BERNSTEIN. **Les sens.** 1 vol. in-8, avec 91 figures.
2ᵉ édition.   6 fr.

BERTHELOT. **La synthèse chimique.** 1 vol. in-8,
2ᵉ édition.   6 fr.

VOGEL. **La photographie et la chimie de la lumière,** avec 95 figures. 1 vol. in-8. 2ᵉ édition.   6 fr.

LUYS. **Le cerveau et ses fonctions,** avec figures.
1 vol. in-8. 3ᵉ édition.   6 fr.

STANLEY JEVONS. **La monnaie et le mécanisme
de l'échange.** 1 vol. in-8, 2ᵉ édition.   6 fr.

FUCHS. **Les volcans.** 1 vol. in-8. avec figures dans le
texte et une carte en couleurs. 2ᵉ édition.   6 fr.

GÉNÉRAL BRIALMONT. **Les camps retranchés et
leur rôle dans la défense des États,** avec fig.
dans le texte et 2 planches hors texte.   6 fr.

DE QUATREFAGES. **L'espèce humaine.** 1 vol. in-8.
4ᵉ édition, 1878.   6 fr.

BLASERNA ET HELMHOLTZ. **Le son et la musique,**
et *les Causes physiologiques de l'harmonie musicale.*
1 vol. in-8, avec figures. 2ᵉ édition, 1878.   6 fr

ROSENTHAL. **Les nerfs et les muscles.** 1 vol. in-8
avec 75 figures. 2ᵉ édition, 1878.   6 fr.

BRUCKE ET HELMHOLTZ. **Principes scientifiques
des beaux-arts,** suivis de l'**Optique et la pein-
ture,** avec 39 figures dans le texte, 1878.   6 fr.

WURTZ. **La théorie atomique.** 1 vol. in-8, 1879
                6

SECCHI (le Père). **Les Étoiles,** 2 vol. in-8.   12 fr.

JOLY. **L'homme avant les métaux,** 1 vol. in-8. 6 fr.

A. BAIN. **La science de l'éducation,** 1 vol. in-8. 6 fr.

THURSTON. **Histoire de la machine à vapeur,**
2 vol. in-8.   12 fr.

HARTMANN. **Les peuples de l'Afrique,** 1 vol. in-8,
avec figures.   6 fr.

BIBLIOTHÈQUE D'HISTOIRE CONTEMPORAINE

Vol. in-18 à 3 fr. 50.

Vol. in-8 à 5 et 7 fr. Cart. 1 fr. en plus par vol.; reliure 2 fr.

EUROPE

HISTOIRE DE L'EUROPE PENDANT LA RÉVOLUTION FRANÇAISE, par *H. de Sybel*. Traduit de l'allemand par Mlle Dosquet. 3 vol. in-8... 21 »
    Chaque volume séparément............... 7 »

FRANCE

HISTOIRE DE LA RÉVOLUTION FRANÇAISE, par *Carlyle*, traduite de l'anglais. 3 vol. in-18 ; chaque volume.......... 3 50
NAPOLÉON Ier ET SON HISTORIEN M. THIERS, par *Barni*. 1 vol. in-18... 3 50
HISTOIRE DE LA RESTAURATION, par *de Rochau*. 1 vol. in-18, traduit de l'allemand................................. 3 50
HISTOIRE DE DIX ANS, par *Louis Blanc*. 5 vol. in-8.... 25 »
    Chaque volume séparément............... 5 »
HISTOIRE DE DIX ANS, 25 planches en taille-douce..... 6 fr
HISTOIRE DE HUIT ANS (1840-1848), par *Elias Regnault*. 3 vol in-8... 15 »
    Chaque volume séparément............... 5 »
HISTOIRE DE HUIT ANS, 14 planches en taille-douce.... 4 fr.
HISTOIRE DU SECOND EMPIRE (1848-1870), par *Taxile Delord*. 6 volumes in-8.. 42 »
    Chaque volume séparément............... 7 »
LA GUERRE DE 1870-1871, par *Boert*, d'après le colonel fédéral suisse Rustow. 1 vol. in-18...................... 3 50
LA FRANCE POLITIQUE ET SOCIALE, par *Aug. Laugel*. 1 volume in-8.. 5 »

ANGLETERRE

HISTOIRE GOUVERNEMENTALE DE L'ANGLETERRE, DEPUIS 1770 JUSQU'A 1830, par sir *G. Cornewal Lewis*. 1 vol. in-8, traduit de l'anglais.. 7 »
HISTOIRE DE L'ANGLETERRE depuis la reine Anne jusqu'à nos jours, par *H. Reynald*. 1 vol. in-18................ 3 50
LES QUATRE GEORGES, par *Thackeray*, trad. de l'anglais par LEFOYER. 1 vol. in-18................................. 3 50
LA CONSTITUTION ANGLAISE, par *W. Bagehot*, traduit de l'anglais. 1 vol. in-18.................................... 3 50
LOMBART-STREET, le marché financier en Angleterre, par *W. Bagehot*. 1 vol. in-18................................. 3 50
LORD PALMERSTON ET LORD RUSSEL, par *Aug. Laugel*. 1 volume in-18 (1876)... 3 50

ALLEMAGNE

LA PRUSSE CONTEMPORAINE ET SES INSTITUTIONS, par *K. Hillebrand*. 1 vol. in-18... 3 50
HISTOIRE DE LA PRUSSE, depuis la mort de Frédéric II jusqu'à la bataille de Sadowa, par *Eug. Véron*. 1 vol. in-18. 3 50

DÉSACIDIFIÉ à SABLE
1993
★